2022年度江苏高校哲学社会科学研究一般项目（编号2022SJYB0009）研究成果

日本工业设计

发展历程

1868—2021年

丁一 ◎ 著

中国纺织出版社有限公司

内 容 提 要

本书分为六章：日本设计的前奏（1868—1944年）、日本工业设计的初步发展（1945—1956年）、经济高速成长期的日本工业设计（1957—1972年）、日本工业设计风格的确立（1973—1990年）、日本后泡沫经济时代的工业设计（1991—2006年），以及日本制造业下行中的工业设计转型（2007—2021年）。纵观其发展历程，日本工业设计随着经济、社会的发展状况而演变、成长并发挥了不可忽视的作用，其历史经验对于正处制造业升级阶段的我国而言具有重要的参考意义。

图书在版编目（CIP）数据

日本工业设计发展历程：1868—2021 年 / 丁一著
. -- 北京：中国纺织出版社有限公司，2022.11
　ISBN 978-7-5229-0152-7

　Ⅰ. ①日… Ⅱ. ①丁… Ⅲ. ①工业设计－历史－日本
－1868-2021 Ⅳ. ① TB47-093.13

中国版本图书馆 CIP 数据核字（2022）第 234409 号

责任编辑：魏 萌 朱冠霖 责任校对：高 涵
责任印制：王艳丽

中国纺织出版社有限公司出版发行
地址：北京市朝阳区百子湾东里 A407 号楼 邮政编码：100124
销售电话：010—67004422 传真：010—87155801
http://www.c-textilep.com
中国纺织出版社天猫旗舰店
官方微博 http://weibo.com/2119887771
天津千鹤文化传播有限公司印刷 各地新华书店经销
2022 年 11 月第 1 版第 1 次印刷
开本：787×1092 1/16 印张：13
字数：316 千字 定价：88.00 元

前 言
PREFACE

　　工业设计作为生产性服务业的一环，是引领技术创新、集成利用各种创新成果实现价值创造的先导。近年来，工业设计在我国制造业崛起中扮演着重要角色，今后也必将在我国推动制造业优化升级的进程中进一步发挥重要作用。近年来我国工业设计发展成绩斐然，但因为起步较晚故存在不同领域发展不平衡、重模仿轻创新、品牌效应有待提高等现象，总体而言我国的设计产业依然处于从模仿向创新转变的关键阶段。为了进一步推动我国工业设计发展，提升产品附加价值以帮助"中国制造"迈向全球价值链中高端，探索工业设计的发展道路具有重要意义。"他山之石，可以攻玉"，聚焦和我国具有相似经济、文化背景的国家，对其工业设计发展历程进行梳理并总结其正反两方面的历史经验，将为我国工业设计的高质量发展提供有针对性的借鉴。

　　日本作为亚洲的设计强国，自19世纪末期起，其政府就开始有意识地鼓励工艺领域的装饰设计。战后现代工业设计理念自美国舶来后，日本政府更是制定产业政策，与产业界共同推动工业设计在日本的落地生根和全面发展。此后，日本设计产业界从对欧美设计的模仿逐渐过渡到自主创新，有效助力了该国制造业的升级甚至在部分领域实现了对欧美的赶超，并塑造了"日本制造"和"日本设计"的品牌形象。然而此后日本制造业逐渐进入下行通道并导致国际竞争力下降，近年通过设计转型维持产业竞争力的策略尚未竟全功。纵观其发展历程，日本工业设计随着经济、社会的发展状况而演变、成长并发挥了不可忽视的作用，其历史经验对于正处制造业升级阶段的我国而言具有重要的参考意义。

　　我国学术界自20世纪80年代起即开始关注日本工业设计发展，众多前辈学者做出了重要的学术贡献。相关学术成果主要在于对日本战后至20世纪90年代工业设计成功模式以及个别案例的介绍和研究，至于日本明治维新时期至今这一相当长时期的相关重要历史事件、产业发展趋势、设计从业者及其理念诸方面的系统研究则相对薄弱，这与相关基础资料涉及面广、数据量大因而积累不足不无关系。笔者旨在抛砖引玉，为日本工业设计相关研究提供一些基础资料和参考意见，以期从学术角度为推动我国工业设计高质量发展做出些微努力。

本书为2022年度江苏高校哲学社会科学研究一般项目（编号2022SJYB0009）的研究成果。

丁一

2022年9月于南京

目 录
CONTENTS

第1章
日本设计的前奏（1868—1944年）

19世纪中后期，英国的工艺美术运动拉开了现代工业设计的序幕，此时正处于明治维新之初的日本依然是一个落后的农业国，但以纺织品、陶瓷、漆器为代表的传统工艺品在欧美尚有良好的声誉。此时的日本为了积累投资制造业所需的外汇，积极对工艺品进行美化、装饰并改良其工艺，在这一过程中与设计相近的概念开始在日本产业界出现。继工艺品设计之后，家具设计也依托于先行一步的建筑设计获得了一定程度的发展，随着国际交流的深化以及对民间文化的发掘，日本早期的设计师们对于本国美学范式的思考不断深入，但因为仍处于工业化初期的现实中，因此施展空间有限的工业设计以解决有无为第一要务，遵循着造型简朴、功能至上的原则。

1.1　明治时期的设计萌芽

设计的概念约从明治时期（1868—1912年）起在日本生根发芽，尽管作为工业附属品的"设计"在日语中并没有对应的概念，但是通过输出精美工艺品来提升国家声望的努力由来已久。针对"design"的翻译在明治时期尚不存在，对于工艺品的设计和美学概念，"工艺"作为从故纸堆中翻出的古语被用于表述"艺术""传统工艺"等含义，且存在不少和工业生产并用的语境❶，此外"意匠""图案"等词也被用来表达近似设计的概念❷。明治时期日本国内的美术工艺振兴活动中，"意匠"曾被用于表现"形状、色彩和形态的结合"，而"图案"则多用于描述陶瓷、漆器、纺织品等传统工艺品的图案与纹理，带有较强的"装饰"意味。前述概念作为"设计"的萌芽远不成熟，但仍可被看作是这一概念的前身，也从一个侧面反映了设计在明治时期被期待能发挥效用的领域。

面对和欧美诸国之间的差距，日本大力发展"殖产兴业"政策试图早日迈入工业国家的行列。自1851年英国伦敦水晶宫博览会后，欧美诸国纷纷通过世界博览会展示本国制造的优良工业产品，以此宣扬本国的工业实力和综合国力。因此自19世纪起，设计逐渐成为国家意识形态的一环，设计精美、品质优良的工业产品被视为先进工业国家的名片。明治维新后的日本念念在兹，将参加世界博览会以及举办内

❶ 出原栄一.日本のデザイン運動：インダストリアルデザインの系譜[M].東京：ぺりかん社,1992:54-56.

❷ 経済産業省.デザイン政策の推進[EB/OL].2016[2022-01-24].https://www.meti.go.jp/policy/mono_info_service/mono/human-design/file/2016handbook/01_suisin.pdf.

❶ 内国劝业博览会：作为日本政府殖产兴业政策的一环，利用国内博览会展示国内的工艺品、机械产品、农产品等，1877年、1881年、1890年于东京，1895年于京都，1903年于大阪举办。

❷ 东京劝业博览会：1907年举办于东京，与内国劝业博览会等同为日本政府殖产兴业政策的一环。

❸ 东京大正博览会：1914年举办于东京，与内国劝业博览会等同为日本政府殖产兴业政策的一环。

❹ 和平纪念东京博览会：1922年举办于东京，与内国劝业博览会等同为日本政府殖产兴业政策的一环。

❺ 竹原あき子，森山明子.カラー版日本デザイン史[M].東京：美術出版社,2003:22.

❻ 出原栄一.日本のデザイン運動：インダストリアルデザインの系譜[M].東京：ぺりかん社,1992:54-56.

❼ 何人可.工业设计史（第四版）[M].北京：高等教育出版社,2010:78.

❽ 竹原あき子，森山明子.カラー版日本デザイン史[M].東京：美術出版社,2003:22.

❾ 森仁史.デザインはいつから教育されたか[J].デザイン理論,2013,61:154-155.

❿ 东京高等工业学校：1881年以东京职工学校之名创校，1901年改称日本高等工业学校，1929年发展为东京工业大学。

国劝业博览会❶、东京劝业博览会❷以及之后大正时期的东京大正博览会❸、和平纪念东京博览会❹等大型会展作为扩大产品出口的舞台。然则当时的日本尚未实现工业化，故参展的出口产品以丝绸、纺织品、陶瓷、漆器、珐琅器等为主❺，对于设计的优化基本限于传统工艺品领域。日本参加1873年维也纳世界博览会是本时期的标志性事件，也是日本政府为了促进出口贸易在工艺美术领域最早的努力之一，此次参展使日本工艺品获得瞩目❻，此后日本开始了推动传统工艺品的出口振兴政策。

维也纳世界博览会上的成功对于日本的工艺产业是一个鼓励，然而这一成功不仅在于日本工艺品本身的品质，也在于这一时期欧洲传统手工业的式微。19世纪欧洲传统手工业在大机器生产体系前溃不成军，然而此时的工业体系尚不足以提供在品质上媲美传统手工业的生活制品，导致本时期欧洲生活器具的粗制滥造，这催化了以复兴手工艺生产模式的工艺美术运动❼。同一时期日本的手工艺制品则存在一定的优势，然而设计产业的不成熟让日本满足于仅雇佣画工进行花纹绘制，因此在1893年的芝加哥世界博览会、1900年的巴黎世界博览会遭到评论家的批判，被认为仅仅是对传统器具的模仿，明治末期日本的工艺出口逐渐陷入沉寂，工艺产业的改革和设计教育的普及迫在眉睫❽❾。

随着工业化进程对于设计作用的日趋倚重，大日本窑业协会于1892年设立以图促进陶瓷产业同行的交流。意识到工艺美术重要性的一些仁人志士则大力推动设计教育的发展，其中陶艺家纳富介次郎（Kaijiro Notomi，1844—1918）所发挥的作用尤其重要。纳富介次郎在对欧美工业进行考察后深感工艺产业进行机械化改造的重要性，通过设计教育与普及、民间合作等方式推动将现代科学技术导入传统工艺，并于1887—1898年陆续建立了金泽工业学校（现石川县立工业高等学校）、富山县工艺学校（现富山县立高冈工艺高等学校）、香川县工艺学校（现香川县立高松工艺高等学校）等引入现代科学和工程知识、并以建立大规模生产的工艺产业为目标的一系列学校。

手岛精一（Seiichi Tejima，1849—1918）作为日本工业技术教育的先驱自1890年起担任东京高等工业学校❿校长一职，并于1901年以"通过应用于工业图案的研究对实用商品进行美化"为宗旨设置日本国内史无前例的"工业图案科"。尽管该科于1914年因为种种原因被废除，但在时任科长松冈寿（Hisashi Matsuoka，1862—1944）的努力奔走下，以"工业图案科"为母体于1921年创办了东京高等工艺学校（现千叶大学设计学科）。

1902年，京都高等工艺学校（现京都工艺纤维大学）成立并设置染色、机械和图案三个学科❶。初代校长中泽岩太（Iwata Nakazawa，1858—1943）在谈及学校的教育方针时表示学校培养的并非艺术家而是技术者。中泽岩太的这一观点在那个日本急切追随着欧美国家迈向工业化的时代非常典型，早期的日本设计教育理念与欧洲同期兴起的工艺美术运动相反，从确立之初就扬弃了传统手工业的做法，选择在批量生产这一前提下发展传统工艺的道路。

1.2　大正浪漫风格的建筑与家具设计

进入大正时期（1912—1926年）后，日本政府出于产业振兴的考虑对设计的重视进一步加强。手岛精一于1912年收到时任农商务大臣牧野伸显的咨询后，提交了他的《关于工艺振兴的建议书》，其主要内容包括：在农商务省内设置管理工艺事务的专业机关；设置工艺审议会讨论相关问题；举办展览会；悬赏募集工艺品设计，对获奖作品进行面向海外市场的试制、试卖；对各类博览会进行工艺方面的审查；在出口国派遣具有相关素养的官员，对各国的国情进行考察报告；设置工艺博物馆❷。作为对相关建议的实践，1913年农商务省举办了第一回农商务省图案及应用作品展——该展览持续至1939年，最初简称"农展"，1925年农商务省被分为农林省和商工省并改由商工省主管相关工作后其简称改为"商工展"❸。手岛关于设置专业机关的建议虽暂时未能被付诸实施，但1928年在某种程度上得以实现，即后来的国立工艺指导所。

大正时期是日本对西方制造业进行大规模学习的收获期，电器、家具、汽车等领域开始涌现出一批成果，尽管从工业设计的角度仍有稚嫩、粗糙之感，但已经切实地走在了工业化积累的道路上。不仅在工业设计领域，平面设计、服饰设计、空间设计、建筑设计等领域同样从西方设计理念汲取营养，在本时期诞生了所谓"大正浪漫风格（Daisho Roman Style）"。严格来说大正浪漫风格并不是从美学理念和设计技法角度加以定义的单一设计风格，而是日本受到19世纪欧洲的浪漫主义思潮的影响后，在社会风气西化、思想环境开明的氛围中出现的以"和洋折衷"为主要特征的文化思潮和美学样式。就设计领域而言，大正浪漫风格较为集中地体现在家具、建筑、服装、视觉传达等领域。

因为这个时期尚不存在独立的工业设计，现今被视为工业设计对象的家具在当初往往作为建筑设计尤其是室内设计的一部分而存在，因此对本时期逐步发展起来的新式家具的讨论离不开作为其产生背景

❶ 日本高等教育中的"学科"类似于我国高等教育中的"专业"，以下均使用"学科"。

❷ 井上祐里.商工省工艺指导所と输出工芸[J].藝叢：筑波大学芸術学研究誌,2015,30:45-54.

❸ 比嘉明子，宫崎清.図案奨励策としての農展・商工展の様相とその意義：農展・商工展研究(1)[J].デザイン学研究,1995,42(2):65-74.

的建筑设计。大正浪漫风格在建筑设计领域中主要表现为历史主义和分离派两个流派，代表设计师多出身于工部大学校❶，并受到英国浪漫主义、维也纳分离派、德国表现主义等流派的影响。幕末直至明治早期的建筑设计领域曾一度流行所谓的拟洋风建筑，即传统工匠以日本传统建筑的技法进行施工的同时，对外观混合以西洋风格装饰的建筑风格。拟洋风建筑自1880年后逐渐消亡，其背景在于工学部大学校所培养的接受正统西方建筑学教育的学生开始进入建筑界。

　　来自英国的建筑设计师乔赛亚·康德（Josiah Conder，1852—1920，图1-1）的建筑设计实践和设计教育发挥了尤其重要的作用。乔赛亚·康德是英国建筑设计师，于皇家艺术学院（当时为South Kensington School）和伦敦大学学习建筑，后受到英国建筑设计师托马斯·罗杰·史密斯（Thomas Roger Smith，1830—1903）、威廉·伯吉斯（William Burges，1827—1881）和设计师霍雷肖·郎斯代尔（Horatio Lonsdale，1846—1919）的影响，曾参与英格兰乡村别墅的设计，后受雇于日本工部省，于1877年赴日担任工部大学校的建筑学教授，培养了辰野金吾（Kingo Tatsuno，1854—1919，图1-2）、片山东熊（Tokuma Katayama，1854—1917，图1-3）、妻木赖黄（Yorinaka Tsumaki，1859—1916，图1-4）、曾祢达藏（Tatsuzou Sone，1853—1937）、渡边让（Yuzuru Watanabe，1855—1930）、久留正道（Masamichi Kuru，1855—1914）、河合浩藏（Kozo Kawai，1856—1934）等活跃于明治至大正时期的一众建筑设计师，可谓哺育了日本明治时期—大正时期的大半个日本设计建筑界。乔赛亚·康德在执教期间及辞去教职后的岁月里一直活跃于日本建筑设计界，先后设计了鹿鸣馆、东京尼古拉教堂、三菱一号馆（现三菱一号美术馆）、旧岩崎家宅邸庭园、旧古河邸等建筑，并将维多利亚式风格的影响推广至日本的整个建筑设计界。

　　乔赛亚·康德于1884年退休后，其得意门生辰野金吾继任工部大学校教授，培养了伊东忠太（Chuta Ito，1867—1954）、矢桥贤吉

❶ 工部大学校：由创设于1871年的工部省"工学寮"发展而来技术培训机关，1886年并入帝国大学，是现东京大学工学部的前身之一。

❷ 来源：wikimedia commons（作者：Otraff）

❸ 来源：佐贺新闻

❹ 来源：wikimedia commons（作者：佚名）

❺ 来源：建築雑誌,1916

图1-1　乔赛亚·康德❷

图1-2　辰野金吾❸

图1-3　片山东熊❹

图1-4　妻木赖黄❺

图1-5　东京站丸之内站楼❶

（Kenkichi Yabashi，1869—1927）、武田五一（Goichi Takeda，1872—1938）、中条精一郎（Seiichiro Chujo，1868—1936）、冢本靖（Yasushi Tsukamoto，1869—1937）等一批昭和时代的著名建筑设计师。辰野金吾本人深受乔赛亚·康德的影响，擅长红砖作为饰面的维多利亚风格—哥特复兴式建筑，其代表作包括东京站丸之内站楼（图1-5）、日本银行本店一号楼、大阪市中央公会堂、日本生命九州支店（现福冈市红砖文化馆）、松本健次郎宅邸、奈良旅馆本馆等，横跨明治、大正两个时期。辰野金吾的设计理念影响极广，其建筑风格被日本众多建筑设计师所模仿，此类建筑被称为"辰野式建筑"。

　　与辰野金吾并称为"明治建筑界三大巨匠"的是同出自乔赛亚·康德门下的片山东雄和妻木赖黄。片山东雄就职于日本宫内省，因此主要负责皇宫、国立博物馆和神宫附属建筑等的建设，代表作包括赤坂离宫（现日本迎宾馆）、新宿御苑御休所、东京国立博物馆、京都国立博物馆、奈良国立博物馆等。妻木赖黄不仅曾在工部大学校学习，曾赴美国康奈尔大学学习建筑，并有赴德国留学的经历，后在大藏省任职，代表作包括日本桥、旧横滨正金银行本店（现神奈川县立历史博物馆）、旧横滨正金银行大连支店（现中国银行大连市分行旧址）、旧内阁文库厅舍等。

　　烧制砖并非日本传统的建筑材料，自幕末时代起被引入日本，到大正时代达到全盛。红砖建筑成为大正浪漫风格中历史主义风格建筑

❶ 来源：東京駅丸の
内駅舎

的主要特征，该类建筑主要受到哥特复兴式风格和安妮复兴式风格的影响，与乔赛亚·康德及其门生的设计实践密切相关。此外，赫尔曼·恩德（Hermann Ende，1829—1907，图1-6）、威廉·伯克曼（Wilhelm Böckmann，1832—1902），以及日后成为德意志制造联盟核心人物的赫尔曼·穆特休斯（Hermann Muthesius，1861—1927）等德国建筑设计师也发挥了重要作用。他们曾参与日本"官厅集中计划"❶的设计与规划❷，并促成渡边让、妻木赖黄、河合浩藏等建筑学科学生和大高庄右卫门（Syoemon Otaka，1865—1921）等工匠赴德留学❸，为日本红砖建筑的理念传播和工艺改进做出了贡献。

图1-6 赫尔曼·恩德❹　　　　图1-7 赫尔曼设计的法务省旧本馆❺

❶ 官厅集中计划：日本政府于1886年规划的首都建设构想，委托德国设计师赫尔曼·恩德、威廉·伯克曼等人进行设计，并派遣留学生赴德留学。该计划后终止，因此多数设计搁浅，但大法院、法务省（图1-7）两栋建筑得以建设完成。

❷ 藤森照信．エンデ·ベックマンによる官厅集中计画の研究：その5 建築家及び技術者各論[J]．日本建築学会論文報告集，1979,281:173–180.

❸ 藤森照信．エンデ·ベックマンによる官厅集中計画の研究[J]．日本建築学会論文報告集(271):273.

❹ 来源：wikimedia commons（作者：Goerdten）

❺ 来源：出光美術館·丸の内

大正浪漫风格建筑的另一重要派别为分离派建筑会，该派别由东京帝国大学（现东京大学）工学部的石本喜久治（Kikuchi Ishimoto，1894—1963）、山田守（Mamoru Yamada，1894—1966，图1-8）、堀口舍己（Sutemi Horiguchi，1895—1984）等毕业生组成。当时的工学部建筑学科由著名建筑设计师佐野利器（Toshikata Sano，1880—1956）所领导。佐野利器作为日本抗震建筑结构研究的奠基人是当时建筑设计界的泰斗级人物，他领导下的建筑学科重工学而轻艺术。石本喜久治、山田守等人对此表示异议，并提出重视建筑设计的艺术属性，因为受到维也纳分离派的启发于1920年结成名为"分离派建筑会"的群体，后期山口文象（Bunzo Yamaguchi，1902—1978）、藏田周忠（Chikatada Kurata，1895—1966）等建筑设计师加入。

与从欧洲建筑史中汲取设计灵感的历史主义建筑师们不同，分离派建筑会成员强调通过自由的曲线构筑全新的建筑造型，代表作包括东京中央电信局、京都塔、白木屋百货商店、东京朝日新闻社、和平纪念东京博览会和平塔、多摩圣迹纪念馆、京都帝国大学乐友会馆、圣锡安教堂等。分离派建筑会对日本建筑界的影响不仅来自该组织的活动本身，其成员石本喜久治、藏田周忠等人后来通过型而工房、日本国际建筑会

图1-8　山田守 ❶

图1-9　东京中央邮电局竣工时 ❷

等组织对日本的建筑设计、家具设计等均产生了较为深远的影响。

　　分离派建筑会的中坚人物山田守后来入职递信省 ❸，隶属于该部门的建筑设计师们留下了众多外形简洁、结构牢固、充满着现代主义美感的建筑。其中不仅有山田守的代表作东京中央电信局，还包括岩元禄（Roku Iwamoto，1893—1922）的京都中央电话局西阵分局、吉田铁郎（Tetsuro Yoshida，1894—1956）的东京中央邮电局（图1-9）和京都中央电话局、森泰治（Taiji Mori，1895—1951）的大阪中央电话局难波分局等，该类建筑被称为"递信建筑"，具有较为明显的国际主义风格且不乏独有的曲线造型 ❹。

　　除了辰野金吾为首的新古典流派和分离派建筑会之外，现代主义建筑风格大代表，美国建筑设计师弗兰克·赖特（Frank Lloyd Wright，1867—1959，图1-10）于1913年接受委托赴日本建设帝国旅馆的新馆 ❺（图1-11），在这一过程中将其设计思想传播至日本，并影响了远藤新（Arata Endo，1889—1051）、土浦龟城（Kameki Tsuchiiura，1897—1996）、田上义也（Yoshiya Tanoue，1899—1991）、天野太郎（Taro Amano，1918—1990）、冈见健彦（Takehiko Okami，1898—1972）等日本建筑设计师，以至于在日本建筑界形成了所谓"赖特式"风格的概念——这一风格在日本建筑史的语境下并不完全等同于赖特所开创的田园学派（Prairie School），而是泛指日本各种受到赖特影响的作品 ❻，往往具有强调水平线的外观设计、开放的构造、缓坡的屋顶、不均匀的门窗格棂等特征 ❼，较有代表性的赖特式建筑包括自由学园明日馆（图1-12）、甲子园旅馆、高轮教会等。

　　在日本建筑界如饥似渴地学习西方建筑理论并在实践中百花齐放的背景下，作为建筑内饰一环的新式家具设计开始迅速成长起来（图1-13）。大正时期到"二战"前可谓日本现代家具设计的黎明期，木桧恕一（Joichi Kogure，1881—1943）、宫下孝雄（Takao Miyashita，

❶ 来源：Houzz

❷ 来源：邮政博物馆 Postal Museum Japan

❸ 递信省：战前日本政府机构，即官方邮电部门。

❹ OSHIMA K T. 山田守：分離派から「インターナショナル・スタイル」まで（セッション Ⅱ 日本の建築空間と庭園：明治から20世紀初頭にかけての欧米におけるその受容と普及，第12回国際日本学シンポジウム：都市・建築・空間の国際日本学）[J]. 比較日本学教育研究センター研究年報,2011(7):105–119.

❺ 最初的帝国旅馆由渡边让设计，新馆又称赖特馆。

❻ 井上祐一，初田亨，内田青蔵. 大正・昭和初期における、いわゆる「ライト式」の用語の使用について [J]. 日本建築学会計画系論文集,2003,68(571):137–142.

❼ 井上祐一. いわゆる「ライト式」の住宅に関する研究――建築家岡見健彦の作品について [J]. 文化女子大学紀要 服装学・造形学研究,2004(35):89–96.

图1-10 弗兰克·赖特❶

图1-11 赖特设计的帝国旅馆新馆❷

图1-12 自由学园明日馆❸

图1-13 自由学园明日馆的内饰及家具❹

1890—1972）、森谷延雄（Nobuo Moriya，1893—1927）等设计师均在本时期发挥了重要作用。

木桧恕一曾担任东京府立工艺学校（现东京都立工艺高等学校）家具制作科（后更名为木材工艺科）科长、桧叶会（后更名为木材工艺学会）会长，于1921—1923年公费赴欧美留学，归国后担任东京高等工艺学校木材工艺科科长，投身家具设计教育，后陆续担任生活改善同盟会委员、帝国工艺会理事等职务，曾撰写的《室内装饰家具制作图》（大日本工业学会出版）、《住宅家具设计及制作图》（中央工学会出版）、近代的事务家具（博文馆出版）等书，详细记载了大量20世纪初英国家具的设计图，对于西洋式家具在日本国内的普及发挥了重要作用。

宫下孝雄毕业于东京高等工业学校工业图案科，后作为木桧的同事担任东京府立工艺学校印刷工艺科科长，于1920—1922年公费赴欧美留学，归国后担任东京高等工艺学校工艺图案科教授，后兼任帝国工艺会的官方杂志《帝国工艺》的编辑主任。森古延雄与宫下同样出

❶ 来源：Frank Lloyd Wright Foundation

❷ 来源：スマイルログ

❸ 来源：スマイルログ

❹ 来源：重要文化财自由学园明日馆

身于东京高等工业学校工业图案科，曾于1920—1922年公费赴欧洲留学，就读于英国皇家艺术学院并深受德国表现主义风格的影响，1923年开始担任东京高等工艺学校的教授。森古延雄的主要工作领域为家具设计与室内设计，包括京都帝国大学乐友会馆的室内装饰与家具、圣锡安教堂内的家具等。

大正时期，日本全面引入西方设计理念的做法并在国内相关领域开花结果。通过聘用国外人才、派遣留学、国际交流等方式，建筑、装饰、家具等领域的设计手法日渐现代化，与此同时有志之士仍注重保留本民族的文化特色和工艺理念，形成了东西合璧、独具特色的大正浪漫风格。大正时代早期，神户等和外国人接触较为密切的港口城市周边，西方舶来的文化、艺术、生活方式等开始在富裕阶层中普及、渗透，到大正中期时充满着大正浪漫风格的所谓"文化住宅"及其内部装饰、家具已较为常见。1923年的关东大地震使东京受到重大破坏，日本政府以东京的复兴建设为契机，开展全新的城市规划设计，将自江户时代以来的东京市容进行大幅修改，并更新相关基础设施，从而构筑了一个较为现代化的东京都市。

1.3　国家主义色彩日渐浓厚的昭和前期

从明治到昭和前期，日本西洋式家具的产业中心以东京和神户为代表，其中东京地区制作家具的工匠因集中于新桥、芝等区域，故东京的西洋式家具被称为"芝家具"❶，其特点是多面向政府官邸、贵族宅邸，日俄战争后还承担了相当一部分军需家具的设计制造❷。与之形成对照，作为关西商业中心和对外港口的神户市的西洋家具店则较多面向国内各都市圈及海外市场的民间市场❸。作为对外贸易窗口和商业中心的神户，该地区的西洋家具产业发祥于明治时期并成熟于昭和早期，诞生了如真木制作所、永田良介商店等早期的家具制造商。

通过与美国建筑设计师弗兰克·赖特和威廉·沃里斯（William Merrell Vories，1880—1964）的合作，神户的家具产业较深地受到西方建筑和室内设计的影响。另外，永田良介商店的第三代店主永田善从（Yoshiyori Nagata，1898—1945）于1922年毕业于京都高等工艺学校图案科，后于1930年赴当时位于德绍的包豪斯参观、考察欧洲的家具设计。受到包豪斯的影响，永田善从提出在构成主义风格中加入日式意趣，以创造适合日本住宅的西洋家具❹。有意思的是当后人回顾永田良介商店在昭和前期的家具，却能发现这些家具普遍具有比较明显的新古典主义风格，这与永田善从本人提倡的构成主义风格背道而驰。

尽管从大正到昭和早期，由欧洲舶来的艺术装饰风格和家具样式

❶ 岡田栄造,寺内文雄,久保光德,等.明治·大正·昭和前期における特許椅子の展開過程:寿商店「FK 式」回転昇降椅子を事例として[J].デザイン学研究,2001,47(6):9-16.

❷ 住川純子.東京における家具工業の発達と地域分化[J].新地理,1980,28(2):1-12.

❸ 佐野浩三.神戸洋家具産業の発祥過程と産業化の特微 開港期から明治中期[J].芸術工学会誌,2017,73:60-67.

❹ 佐野浩三.神戸洋家具産業の成熟期の特微 昭和初期から第二次世界大戦前[J].芸術工学会誌,2017,74:84-91.

成为一时风尚，但到了20世纪30年代中期前后，"国风"或称"新日本格调"的风格开始兴起，在此过程中建筑设计师中村顺平（Junpei Nakamura，1887—1977）起到了重要的作用❶。中村顺平毕业于名古屋高等工业学校，"一战"后曾赴法国美术学院（École des Beaux-Arts）进修，后成为横滨高等工业学校（现横滨国立大学工学部）建筑学科的初代主任教授。中村顺平深受法国学院派风格（Style Beaux-Arts）的影响，对于东西方的古典美非常重视，他认为日本的传统工艺过于矮小和纤弱，强调设计应适应新时代的生活，其作品包括大正博览会会场、如水会馆，此外还针对各种船舱进行室内设计❷。

　　昭和时期前期的日本设计教育重镇之中，以东京高等工艺学校最具有影响力。东京高等工艺学校（图1-14）自1921年创立以来，其教员中涌现了一批著名的设计师，包括分离派建筑会的成员藏田周忠，家具设计的代表人物木桧恕一、宫下孝雄、森谷延雄等，他们培养出了大批活跃于昭和时期的设计人才，如出身于工艺图案科的丰口克平（Katsuhei Toyoguchi，1905—1991，图1-15）、木材工艺科的剑持勇（Isamu Kenmochi，1912—1971）、渡边力（Riki Watanabe，1911—2013）等人。丰口克平受到其导师森古延雄的影响并参与组建了设计团体"型而工房"，于20世纪30年代即开始研究家具设计中的人因工学，并提出"为了新时代而设计的家具"的概念，日后成为宗师级的室内设计师并被誉为"日本生活设计之父"；剑持勇作为日本式现代主义风格的领军人物，在战后的家具设计领域大放异彩；渡边力则活跃于家具设计和产品设计等多个领域，成为日本最具代表性的工业设计师之一。

　　相较于官方背景的东京高等工艺学校，本时期的民间设计教育同样得到了快速发展。其中最具有代表性的设计教育院校莫过于帝国美术学校。该校成立于1929年，由美学家金原省吾（Seigo Kinbara，1888—1958）、艺术学者名取尧（Takashi Natori，1890—1975）、思想家北吟吉（Reikichi Kita，1885—1961）等创设。尽管创校第一年只有21名学生，随着1931年开设师范科、雕刻科并提供了更加完善的教育环境，学生人数急剧增加。与此同时因为学校运营导致内部矛盾激化，1935年发生了导致帝国美术学校分裂的所谓同盟休校事件，此后北吟吉出走并开设了多摩帝国美术学院，帝国美术学校和多摩帝国美术学院分别成为战后日本民间艺术教育两大名校——武藏野美术大学和多摩美术大学的前身。

　　另一个重要的民间设计教育据点为新建筑工艺学院，该校由出身于东京高等工业学校建筑科，受教于弗兰克·赖特和远藤新等人的建

❶ 神野由紀.戦前期百貨店における「江戸趣味」と「国風」デザイン [J].日本デザイン学会研究発表大会概要集,2013,60:127.

❷ 南原七郎.建築という芸術の提唱者,中村順平 [J].デザイン理論,1992,31:47-63.

图1-14 东京高等工艺学校旧址 ❶

图1-15 丰口克平 ❷

筑设计师川喜田炼七郎（Renshichiro Kawakida，1902—1975）于1932年设立。新建筑工艺学院遵循包豪斯所创设的教育理念，进行涵盖建筑、工艺、设计等多个领域的造型与表现教育，被誉为"日本的包豪斯"。其教员中除了毕业于包豪斯的建筑教育家水谷武彦（Takehiko Mizutani，1898—1969）和建筑设计师山胁严（Iwao Yamawaki，1898—1987）之外，还包括建筑设计师土浦龟城、平面设计师桥本徹郎（Tetsuro Hashimoto，1900—1959）等。其毕业生包括平面设计师龟仓雄策（Yusaku Kamekura，1915—1997）、服装设计师兼设计教育家桑泽洋子（Yoko Kuwasawa，1910—1977）、花道家勅使河原苍风（Sofu Teshigahara，1900—1979）、摄影师田村茂（Shigeru Tamura，1906—1987）等人。新建筑工艺学院于1938年停办，但其教育理念为桑泽洋子所继承，并在战后发展为桑泽设计研究所。

论及本时期对日本工业设计影响最为深远的事件莫过于国立工艺指导所的成立（图1-16）。该组织于1928年在仙台创立并隶属于日本商工省，最初的主要目的是通过引入国外先进的制造工艺进行改进试验和试制，推动生产实用、廉价而优质的出口商品。初代所长由工作横跨室内设计、工艺品设计、日用品设计、设计教育等多领域的工艺师、设计师兼教育家国井喜太郎（Kitaro Kunii，1883—1967）担任。工艺指导所成立时的主要业务包括调查研究、试验监督、样品制作、制造加工、见习生培训、设备出租、宣传启蒙等，并通过出版《工艺指导》和《工艺新闻》（1932—1974）等刊物向业内分享各类相关知识。通过聘请德国表现主义建筑设计师、德意志制造联盟成员布鲁诺·陶特（Bruno Taut，1880—1938）、法国家具设计师夏洛特·贝里安（Charlotte Perriand，1903—1999）等外籍专家，引进了欧洲先进的

❶ 来源：东京工业大学

❷ 来源：長野の家具

设计理念❶，西川友武（Tomotake Nishikawa，1904—1974）、明石一男
（Kazuo Akashi，1911—2006）、丰口克平、秋冈芳夫（Yoshio Akioka，
1920—1997）、剑持勇等战后继续活跃于设计界一线的设计师均有工艺
指导所的工作经历。尽管工艺指导所的定位相较于"工艺管理"还有
相当的距离，但其作为日本国内最早的工艺指导组织依然为早期工业
设计的发展做出了重要贡献。

图1-16　工艺指导所及其初期成员合照❷

　　工艺指导所首任所长的国井喜太郎于1902年毕业于纳富介次郎所
创办的富山县工艺学校漆工科，历任教职、参军后进入东京高等工业
学校工业图案科学习，1907年毕业后曾进行过首饰、家具、工艺品、
手表、室内装饰等的设计，此后担任富山县工艺学校的校长，并于
1928年成为工艺指导所所长。国井喜太郎就任所长后强调"以功能为
第一要务，形态是伴随着功能的充足而产生的结果"，其观点无疑符合
了功能主义理念。国井喜太郎对工艺品的生产则表示应积极进行大规
模生产以形成所谓的产业工艺，而对于工艺品的美化则认为这是为了
提升其商品价值，这种区别于传统上对于工艺品及其生产的认识影响
着工艺指导所的运作，帮助其指导下的工艺品制造产业走上现代工业
化道路❸。

1.4　日本的早期设计运动

　　昭和前期（1926—1945），受到来自欧洲左翼运动影响的文化
和工艺界兴起了一系列与艺术、工艺相关的活动，山本鼎（Kanae
Yamamoto，1882—1946）发起的农民美术运动、北原千鹿（Senroku
Kitahara，1887—1951）发起的工人社、柳宗悦（Muneyoshi Yanagi，
1889—1961，图1-17）发起的民艺运动等都出现在这一背景下。其中，

❶ 森仁史.「工芸」か
ら「デザイン」へ：工
芸指導所から産業工
芸試験所へ[J].産総研
TODAY,6,2005:40-41.

❷ 来源：データ検索
サイト

❸ 井上祐里.商工省工
芸指導所と輸出工芸[J].
藝叢:筑波大学芸術学研
究誌,2015,30:45-54.

被称为"日本民艺之父"的柳宗悦其影响尤其深远，他于20世纪10年代受到朝鲜陶瓷器具的影响，1924年在首尔❶设立朝鲜民族美术馆。作为研究美学理论的人文学者，柳宗悦长年在日本各地调研工匠们制作的民间用具，并于1925年发明"民艺"一词用于表达民间工艺品这一概念，此后开始推动民艺运动以宣传蕴含于无名工匠们制作的民间工艺品中的"健康之美"与"平常之美"。柳宗悦于1928年出版其代表作《工艺之路》，1931年创办杂志《工艺》（图1-18），该杂志作为民艺运动的重要宣传阵地为普及柳宗悦的思想发挥了重要作用。柳宗悦于1934年成立以振兴民艺运动为目标的民艺协会，于1936年开设日本民艺馆并就任初代馆长，并于1939年创刊《月刊民艺》。柳宗悦及其发起的民艺运动对于日本设计影响极为深远，他提倡"用即美"理念，反对过度装饰而强调工艺品的平民属性和实用价值，也是对由欧洲舶来之实用主义设计理念的回应❷❸，在相当程度上影响了此后日本的工艺与设计。

　　1927年，受到德意志制造联盟、包豪斯等的影响，上野伊三郎（Isaburo Ueno，1892—1972）、本野精吾（Seigo Motono，1882—1944）、伊藤正文（Masabumi Ito，1896—1960）、石本喜久治等人成立了日本国际建筑会，并邀请德意志制造联盟的代表人物彼得·贝伦斯（Peter Behrens，1868—1940）、现代主义建筑巨匠瓦尔特·格罗皮乌斯（Walter Gropius，1883—1969）、德国建筑设计师布鲁诺·陶特以及日本建筑设计师安井武雄（Takeo Yasui，1884—1955）、今和次郎（Wajiro Kon，1888—1973）等人成为会员。日本国际建筑会不仅组织各类展览、演讲、海外考察，发行杂志《国际建筑》，还邀请布鲁诺·陶特赴日交流访问。值得注意的是，日本国际建筑会不仅以普及国际主义风格的建筑作为目标，还把地域性作为其最具特色的理念。本野精吾在《国际建筑》创刊号中将地域性定义为"民族的地域特色"❹，而伊藤正文则提出通过国际性这一合理途径发扬作为日本固有特色的地域性，以形成日本的国际化建筑❺。

　　1927年，著名家具设计师森谷延雄发起设计团体"木芽舍"，通过设计师与手工工匠的合作来探索制造具有设计美感的家具，森谷延雄的设计受到德国表现主义的影响，强调"将家具之美与生活联系在一起"和"诗一般的室内设计表达"，其独特的欧式美学风格令当时的日本设计界耳目一新，家具设计的艺术美开始为设计界所重视。尽管"木芽舍"成立当年森谷延雄不幸英年早逝❻，然而其设计实践及在东京高等工艺学校的教学活动在设计界内形成了广泛影响，其精神影响了翌年成立的"型而工房"。

❶ 当时首尔正式名称为"京城"。

❷ 後藤智絵.民芸論の意義に関する一考察：1930年の柳宗悦による帝展批判記事を中心に[J].岡山大学大学院社会文化科学研究科紀要,2018,45:83-98.

❸ 入江繁樹.＜用＞とは何か：柳宗悦の民藝美学における＜用即美＞の構造をめぐって[J].デザイン理論,2015,66:17-30.

❹ 笠原一人.「日本インターナショナル建築会」における本野精吾の活動と建築理念について[J].日本建築学会計画系論文集,2004,69(583):157-163.

❺ 笠原一人.「日本インターナショナル建築会」における伊藤正文の活動と建築理念について[J].日本建築学会計画系論文集,2003,68(566):153-159.

❻ 佚名.重要史実解説（＜特集＞デザインのあゆみ)[J].デザイン学研究特集号,1996,3(3):39-68.

图1-17　柳宗悦 ❶

图1-18　杂志《工艺》创刊号 ❷

❶ 来源：Japan Objects

❷ 来源：竹仙堂

❸ 佚名.重要史实解说
(<特集>デザインのあ
ゆみ)[J].デザイン学研
究特集号,1996,3(3):39-
68.

❹ 寿美田与市.工業
デザインにおける使
い勝手の探求と展開
(人間工学の底流を探
る<特集>)[J].人間工
学,1987,23(2):65-71.

1928年，分离派建筑会成员并时任东京工艺高等学校工艺图案科教师的藏田周忠，连同当时为该校学生的松本政雄（Masao Matsumoto，生卒时间不详）、丰口克平等人成立"型而工房"。该组织受到德意志制造联盟和包豪斯设计理念的影响，主张功能主义、合理主义的设计理念，设计实践活动包括住宅设计、室内设计、照明器具、室内生活用品等，其中以桌椅等家具作为核心设计对象。型而工房强调标准化设计以便于量产，同时积极采用山毛榉、日本橡木等当时尚未普及的材料以推动成本削减和大规模生产 ❸。此外，聚焦日本人生活形态的改善，型而工房以家具为主要对象尝试针对各类室内用品的设计规格制定标准以便量产、普及。具体包括对日本人的生活方式、居住空间、体型姿态等进行调查，并根据调查结果制定生产家具时所需的尺寸规格与制造工艺，在此基础上进行家具的试制（图1-19、图1-20）。型而工房还创刊了研究型刊物《La Porte》，可谓日本人机工学研究的先驱 ❹。

1935年，高村丰周（Toyochika Takamura，1890—1972）、丰田胜秋（Katsuaki Toyota，1897—1972）、内藤春治（Haruji Naito，1895—1979）、山崎觉太郎（Kakutaro Yamazaki，1899—1984）等人创办"实在工艺美术协会"，并于次年开始举办"实在工艺美术展"，该展览日后成为日本年轻设计师、工艺美术家施展才华的舞台之一。如曾执教于多摩美术大学、武藏野美术大学和东京造型大学、并任职于产业工艺试验所和日本设计屋九州支所的设计师畑正夫（Masao Hata，1914—1982），漆器艺术家高桥节郎（Setsuro Takahashi，1914—2007），工艺青年派的发起人、金属铸造工艺师莲田修吾郎（Shugoro Hasuda，

图1-19　"睡美人之卧室"凳子和"鸟之书房"扶手椅❶

图1-20　型而工房试制的扶手椅❷

1915—2010）等。

　　由金子德次郎（Tokujiro Kaneko，1913—2004）和小杉二郎（Jiro Kosugi，1915—1981）发起的"型会"以及由须藤雅路（Masaji Sudo，1900—1979）和小池岩太郎（Iwataro Koike，1913—1992）发起的"生活意匠联盟"则重视与企业积极合作以推出具有设计感的各类家用器具。设计评论家小池新二（Shinji Koike，1901—1981）在东京帝国大学专攻美学美术史，是日本美学研究奠基者大塚保治（Yasuji Otsuka，1868—1931）的学生。20世纪20年代通过对欧洲建筑理论的介绍传播其建筑美学理论对当时的建筑界产生了重要影响。他于1936年和分离派建筑会成员堀口舍己、建筑设计师前川国男（Kunio Maekawa，1905—1986）等结成了模仿德意志制造联盟的日本工作文化联盟，通过设计师成员的交流、创办和出版杂志、举办演讲和座谈会等方式传播现代设计的思想❸。

1.5　工业化进程下的设计发展

　　从明治到昭和前期的70余年是日本工业化进程的前半阶段，此时西式家具、家用电器、汽车等均开始普及，在这一进程中日本企业对于欧美设计的学习基本停留在模仿乃至抄袭的程度。例如1930年，东芝公司的前身之一芝浦制作所对美国Hurley Machine于1929年推出的搅拌型洗衣机"Thor"进行仿造，生产出日本首款国产洗衣机并将其命名为"Solar"（图1-21）。同年对美国通用电气"Monitor-Top"冰箱进行仿制，制成日本首款国产冰箱SS-1200（图1-22）。1931年，同样是芝浦制作所针对美国通用电力于1928年推出的吸尘器进行仿制，制

❶ 来源：Twitter（作者：@kurooribe）

❷ 来源：武藏野美术大学美术资料数据库

❸ 孙大雄,宫崎清,樋口孝之.1920—1930年代における小池新二の活動：昭和前期のデザイン啓蒙活動をめぐって[J].デザイン学研究,2008,54(6):1-10.

图1-21　芝浦制作所洗衣机Solar❶　　图1-22　芝浦制作所电冰箱SS-1200❷　　图1-23　芝浦制作所吸尘器VC-A❸

成日本首款直立式吸尘器VC-A（图1-23）。本时期以芝浦制作所为代表的日本企业以美国产品为原型进行了多种家用电器的国产化仿制，基本是全盘照搬了其技术、结构和造型，几乎看不到本土化的改造。此外因为高昂的价格，这些家用电器并没有能够在工薪阶层中普及。

日本最早的汽车是诞生于1904年的山羽式蒸汽汽车（图1-24）。在举办于1903年的大阪第五届内国博览会上，冈山县商人森房造看到国外的蒸汽动力巴士和燃油动力巴士后，委托本地山羽电机工厂的经营者山羽虎夫（Torao Yamawa，1874—1957）设计制造一台国产汽车。山羽虎夫通过家中人脉接触到车辆实物和工程师所记录下的说明文字及工程图，并以此为基础于1904年制造出一辆蒸汽动力样车。日本第一台燃油动力汽车则为诞生于1907年的吉田式燃油汽车（图1-25），有栖川宫威仁亲王委托当时汽车商会的创立者吉田真太郎（Shintaro Yoshida，1877—1931）及工程师内山驹之助（Komanosuke Uchiyama，生卒时间不详）——实际上技术工作主要由内山执行——制造了10辆燃油动力样车❹。

日本最早的汽车制造工厂是以桥本增治郎（Masujiro Hashimoto，1875—1944）为中心于1911年创立的快进社工厂，1914年由快进社工厂及几位合伙人出资试制了DAT号（脱兔号）汽车（图1-26）❺。1918年快进社公司成立并于翌年制造出日本第一辆采用四缸发动机的DAT41型乘用车（图1-27）❻。后来快进社因经营不善而解散，但于1925年设立了DAT汽车商会继续汽车的制造与销售，翌年与美国人威廉·戈勒姆（William,R.Gorham，1888—1949）于1919年创立的实用汽车制造公司合并为DAT汽车公司，1931年DAT汽车公司又被成立于1910年、经营汽车零件的户畑铸物公司收购成为其子公司。

❶ 来源：ameblo.jp

❷ 来源：新宿フィールドミュージアム

❸ 来源：AERA dot.

❹ 佚名.国产车100年の軌跡：モーターファン400号·三栄书房30周年記念[M].东京：三栄书房,1978.

❺ 此处指自19世纪以来作为汽车主流类型的燃油动力汽车。

❻ 高林千幸.自動車メーカーによる自動繰糸機の開発経緯[J].日本シルク学会誌,2019,27:139-145.

图1-24　山羽式蒸汽汽车❶

图1-25　吉田式燃油汽车❷

图1-26　DAT号汽车❸

图1-27　DAT41型乘用车❹

1932年，户畑铸物公司推出了达特森（DATSUN）10型（图1-28）和11型汽车。此后，1933—1938年陆续推出了达特森12型至17型汽车（图1-29），成为日本战前具有代表性的小型汽车。1934年经过资本运作，户畑铸物公司旗下的汽车制造公司正式成立日产汽车公司。而"日产"这一品牌名最早出现于1937年制造的日产乘用车70型（图1-30），此后相对于作为日产汽车公司小型汽车品牌的达特森，日产成为公司旗下大型汽车的专用品牌。但随着战争的到来，乘用车的开发被迫中断转而生产一系列军用卡车，例如1938年推出的日产卡车80型（图1-31），以及1941年推出的日产卡车180型和190型等。

　　丰田汽车公司也是最早成立的专业汽车公司之一。其前身为丰田佐吉所创设的丰田自动纺织机制作所下属的汽车部门，该部门于1933年由丰田喜一郎（Kiichiro Toyoda，1894—1952）创立，并吸收了部分来自白杨社和通用汽车日本分公司的人才。白杨社成立于1912年，自1925年就开始量产日本国产汽车，与快进社同为日本汽车工业的先驱，至1928年关闭为止量产了约230辆汽车。

　　丰田自动纺织机制作所的汽车部门于1934年购买了雪佛兰汽车于1933年车型所搭载的引擎，通过逆向仿制的方法开始试制A型引擎并

❶ 来源：公益社团法人自動車技術会

❷ 来源：GAZOO

❸ 来源：webCG

❹ 来源：webCG

图1-28　达特森10型汽车 ❶

图1-29　达特森15型汽车 ❷

图1-30　日产乘用车70型 ❸

图1-31　日产卡车80型 ❹

于1934年完成，同年丰田喜一郎决定进军整车制造领域。缺乏技术积累和制造经验的丰田曾预计部件的试制将花费3年以上时间，特地选择模仿克莱斯勒汽车当年推出的全新车型"气流（Airflow）"的设计。其原因在于，Airflow激进的流线型造型极富现代感且特立独行，设计感上的领先足以确保仿制车完成后在设计上紧跟时代。此外，丰田又在对雪佛兰的同年车型进行拆解、测绘的基础上模仿了其底盘和车身的制造工艺。通过对不同车型的拆解和模仿，丰田的第一款轿车"A1型试作乘用车"于1935年完成。

在丰田试制A1型轿车的过程中，商工省和陆军部于1934年底提出希望丰田开发卡车和巴士，于是丰田于1935年购买福特的卡车，对其底盘的设计进行模仿并采用前述A型引擎，全车于1935年完成并将其命名为G1型卡车（图1-32）。此后，丰田对试制车型进行改良，相继开发了AA型轿车（图1-33）和GA型卡车。1937年5月，丰田开始研发B型引擎，同年10月完成研发并从次月开始投产。与之前因为逆向仿制雪佛兰的引擎而采用英制单位的A型引擎不同，B型引擎首次从设计阶段就采用了公制单位。

随着1938年《国家总动员法》的公布，丰田的汽车制造业被逐渐

❶ 来源：webCG

❷ 来源：webCG

❸ 来源：webCG

❹ 来源：公益社团法人
自動車技術会

图1-32　丰田G1型卡车❶

图1-33　丰田AA型轿车❷

纳入政府管制经济，车型的开发、设计和制造也因为军事需要受到影响，丰田的汽车制造业最终于1944年被全面纳入军需省的管制。

　　从明治维新前后直至昭和时代前期，日本对于"设计"或类似概念的接纳并不完全，尽管在传统工艺、建筑设计、室内设计、家居设计等领域经过与欧美国家的出口贸易或学术交流，在产业实践中开始注意西方语境下美学元素的使用，进入昭和早期后开始出现根植于日本固有文化的美学样式及理念，但归根到底工业设计是大规模工业化生产的附属产物。"二战"前日本工业的规模相较于欧美国家可谓孱弱，尤其以各类电器、汽车为代表的先进工业依然处于亦步亦趋、解决有无的程度，对于欧美国家的工业产品只能被动地模仿、追随而罔论进行基于自身理念与需求的造型设计。因此日本在战前尽管在建筑、室内乃至家具设计等领域已经出现了国内设计界具有一定影响的设计师和设计教育家，但尚不存在现代意义上的工业设计。

❶ 来源：トヨタ自動車

❷ 来源：MOTOR CARS

大事记

1868年　明治维新。

1871年　工部省"工学寮"（现东京大学工学部）设立。

1873年　维也纳世界博览会举办。

1877年　第一届内国劝业博览会举办；乔赛亚·康德赴日任教。

1881年　东京职工学校（现东京工业大学）设立。

1886年　日本政府提出官厅集中计划。

1887年　金泽工业学校（现石川县工业高等学校）设立。

1892年　大日本窑业协会设立。

1893年　芝加哥世界博览会举办。

1894年　富山县工艺学校（现富山县立高冈工艺高等学校）设立。

1898年　香川县工艺学校（现香川县立高松工艺高等学校）设立。

1900年　巴黎世界博览会举办。

1901年　东京职工学校更名为东京高等工业学校，并设立工业图案科。

1902年　京都高等工艺学校（现京都工艺纤维大学）设立。

1904年　日本第一台汽车"山羽式蒸汽汽车"诞生。

1907年　东京劝业博览会举办；日本第一台燃油动力汽车"吉田式燃油汽车"诞生。

1911年　快进社工厂建成。

1912年　手岛精一提交《关于工艺振兴的建议书》；白杨社成立。

1913年　第一届图案及应用作品展览会（简称农展或商工展）举办；赖特接受委托赴日本建设帝国旅馆新馆。

1914年　东京高等工业学校工业图案科废止。

1918年　木材工艺学会设立。

1919年　帝国美术院（现日本艺术院）设立。

1920年　下田菊太郎在国会议事堂设计竞标中首次提出帝冠式建筑风格。

1921年　东京高等工艺学校设立。

1923年　关东大地震。

1925年　农商务省被分为农林省和商工省。

1926年　商业美术家协会成立。

1927年　日本国际建筑会成立；森谷延雄发起设计团体"木芽舍"。

1928年　国立工艺指导所设立；"型而工房"成立。

1929年　帝国美术学校（现武藏野美术大学）设立。

1930年　芝浦制作所制造日本第一台洗衣机，后制造出日本第一台冰箱。

1931年　芝浦制作所制造出日本第一台直立式吸尘器。

1932年　新建筑工艺学院设立。

1933年　丰田喜一郎创立丰田自动纺织机制作所下属汽车部门。

1934年　民艺协会成立。

1935年　帝国美术学校分裂，多摩帝国美术学校（现多摩美术大学）设立；实在工艺美术协会成立。

1936年　柳宗悦开设日本民艺馆；日本工作文化联盟成立；第一届实在工艺美术展举办。

1938年　广告作家恳谈会举办。

1939年　《月刊民艺》创刊。

第2章
日本工业设计的初步发展（1945—1956年）

随着第二次世界大战结束后日本被美军占领，美国式的生活方式全面传入日本国内，在这一过程中舶来的现代工业设计理念与方法令日本的企业家、设计师们大开眼界，纷纷意识到工业设计即将在经济的复苏中发挥重要作用。制造类企业纷纷建立设计部门，设计界人士在积极向西方学习的同时开始组成各类团体以推广和普及工业设计的理念。尽管此时的日本产业界如饥似渴地模仿甚至剽窃来自欧美的造型创意，但一批战前接受过工艺美术教育并投身产业实践的设计师们依然设计了一些经典的产品。在设计产业快速发展、设计理念广泛传播的背景下，深受现代主义风格影响的设计师和设计教育家们通过对设计的实践、普及和教育形塑了战后的日本设计界，一批造型朴素、重视功能、不失简约美感的产品成为本时期日本产业界的象征。

2.1 工业设计概念的奠基

在战前的日本，作为工业设计之萌芽的"工艺""图案""意匠"等概念已经经过了长期的发展，诞生了工业设计这一概念的雏形。作为工业国家中的后来者，日本战前的建筑设计已经从现代主义的普及中汲取了不少养分，但在工业品制造方面依然以模仿为主。"二战"结束后日本被美军占领，其工业品制造面临新的发展环境，在一定程度上获得转机。驻日盟军司令部（General Headquarters，以下简称为驻日美军）要求日本为驻军家属建设住房并配备相应的家具、电器和其他生活用品。在这一过程中工艺指导所被指定负责制作住房中所用的家具、生活用品等，其中金子德次郎、秋冈芳夫等人发挥了主要作用。生产由驻日美军提供设计规格或实物，日方设计师则根据前述资料绘制草图、试制并修改、检查并量产。在这一过程中日本设计师得以对美式生活及与之配套的家具、电器和生活用品产生直观的认识，并掌握了初步的设计和生产工艺。在设计界对美国的工业设计大规模、成体系地进行学习的同时，美国文化、技术和生活方式也在不断渗透日本民间，驻日美军流出的军用物资和大众媒体的传播均向日本民众渲染着美国的富裕与现代化。1947年"美国生活文化展"、1948年"向美国学习生活造型展"等展览会成功举办，也推动了美式生活与设计的普及❶。

❶ 内田繁.戦後日本デザイン史[M].東京:みずず書房,2012:18-25.

1945年，作为内阁部门的商工省恢复建制，商工省试图以出口导向经济作为主轴，即所谓"贸易振兴"。为了推动出口贸易，于1945年在银座松屋成立商工省出口商品陈列所，于1946年召开"第一届全国贸易展览会""第一回全国工艺技术会议""全国工艺振兴会议""东京工艺综合展"等一系列活动。商工省贸易厅专门设置"工艺品输出协议会"，用以再建和发展日本在战时遭到破坏的传统工艺产业❶。此外，以1949年的出口贸易管理命令作为开端，日本开始尝试通过法律和政策介入工业设计的规划与管理。

日本军事工业在战争中遭到毁灭性打击，战后初期军事工业向民用转换无从谈起，经济一时陷入混乱。尽管朝鲜战争的爆发有如一剂强心针使日本经济迎来了数年间的繁荣，但朝鲜战争结束后随即再次陷入低迷。在此背景下，日本于1952年颁布《企业合理化促进法》，积极引进海外的先进生产技术。相关技术的快速普及导致各个制造型企业在短期内引进了极其相近的技术从而抹平了技术代差，因此市场竞争迅速变得激烈起来。为了体现出自身产品的特色，企业加大在营销宣传方面的投入，以电子产品厂商为代表的制造业企业纷纷将目光投向了工业设计❷。

企业对于工业设计的积极导入及工业设计对产业发展的重要作用促使日本政府加强在设计领域的规划、管理等工作（以下简称为设计行政❸），1952年《进出口交易法》颁布，对于外观专利的申请进行了严格的规定。此外，以纺织品、陶瓷制品等领域以推动行业自主外观专利认定的团体，如日本纤维意匠中心、日本杂货意匠中心等于1955年成立并展开相关活动。1956年主要任务为打击设计模仿、鼓励设计创意的意匠奖励审议会成立，该机构原本作为专利厅的附属机构，1958年转为隶属于当年新设的通商产业省设计科——设立这一部门的直接动机即在于发展制造业和促进对外贸易❹，此时的设计行政主要着眼于推进日本产品的对外出口以赚取外汇。

战后初期，扮演日本工业设计核心角色的无疑是自战前已经积累了大量工艺制造经验，战后又系统性学习了美国设计方法的工艺指导所。1952年4月工艺指导所被改为工业技术院下属的产业工艺试验所，其主要业务转为强调对工业设计的发展与启发❺。直到20世纪50年代为止，日本制造业企业几乎没有专业的设计部门，因此产业工艺试验所对于这一时期日本企业的设计发挥了重要作用，例如直接从东芝和索尼等公司接受委托而对产品进行设计。

除了直接进行设计工作，产业工艺试验所还把推进工业设计的对外交流、培养具有国际水平的设计师作为重要任务，于1952年开

❶ 内田繁.戰後日本デザイン史[M].東京:みずず書房,2012:50.

❷ 出原栄一.日本のデザイン運動:インダストリアルデザインの系譜[M].東京:ぺりかん社,1992:145—147.

❸ 设计行政在日本的政策论述、设计研究中是具有固定内涵的词语，用于表述日本政府或地方自治体针对设计进行的规划、管理工作，故本书使用"设计行政"一词指代前述概念。

❹ 青木史郎,黒田宏治,蘆澤雄亮,等.デザイン行政開始の経緯とその政策理念 日本のデザイン行政と振興活動の展開(その1)[J].芸術工学会誌,2022,84:35—42.

❺ 青木史郎,黒田宏治,蘆澤雄亮,等.デザイン行政開始の経緯とその政策理念 日本のデザイン行政と振興活動の展開(その1)[J].芸術工学会誌,2022,84:35—42.

始"外国人意匠专家招聘计划"，以此为契机，美国建筑设计师兼家具设计师乔治·尼尔森（George Nelson，1907—1986），意大利建筑设计师兼工业设计师、孟菲斯派创始人埃托·索特萨斯（Ettore Sottsass，1917—2007），芬兰陶瓷与玻璃设计师卡伊·弗兰克（Kaj Franck，1911—1989），美国工业设计师、后担任伊利诺伊州理工学院（IIT）设计学院院长的杰伊·多布林（Jay Doblin，1920—1989）等著名设计师访日进行交流，为日本引入现代工业设计的理念发挥了重要作用。此外，产业工艺试验所和日本贸易振兴会（Japan External Trade Organization，简称为JETRO，现日本贸易振兴机构）合作，积极参与各类国际展览，对本国工业产品与设计进行宣传，对企业的市场分析、产品管理、包装设计、色彩研究等诸多领域进行设计指导❶。

　　本时期开始日本国内陆续出现独立的设计事务所❷，其中具有代表性的包括由山胁严和小杉二郎（Jiro Kosugi，1916—1981）等于1947年设立的生产工艺研究所，由秋冈芳夫、河润之介（Junnosuke Kawa，生卒时间不详）、金子至（Itaru Kaneko，1920—2013）等于1953年设立的设计事务所KAK，由小池岩太郎、荣久庵宪司（Kenji Ekuan，1929—2015）、岩崎信治（Shinji Iwasaki，1930—）、柴田献一（Kenichi Shibata，1931—）、伊东治次（Haruji Ito，生卒时间不详）等于1953年设立的GK设计集团，由渡边力、松村胜男于1956年设立的Q-designers。

　　本时期企业内部的专业设计部门也开始出现，1951年后以松下、东芝、三菱电机等企业内部专业设计部门陆续成立❸，现代意义上的工业设计理念在日本国内逐渐生根发芽。从企业的视角来看，为了在朝鲜战争结束后日益激化的市场竞争中脱颖而出，工业设计被当作灵丹妙药，被企业的经营者们寄予极大期待，因此本时期在日本国内出现了一股设计热潮。在设计产业蓬勃发展的背景下，需要对设计费用、职业伦理等进行行业性规范，作为行业团体的日本工业设计师协会（JIDA，现日本工业设计协会）于1952年在剑持勇、柳宗理、金子德次郎、小杉二郎等人的活动下应运而生，次年日本设计学会（JSSD）成立。随着设计工作的普遍开展和行业规范的逐步建立，"工业设计"的工作内容逐渐明确下来。

　　1951年，美国著名设计师雷蒙德·罗维（Raymond Loewy，1893—1986）访问日本，并于次年接受日本烟草公司的委托进行香烟品牌"Peace"的设计。在罗维的设计中，烟盒在深蓝色的底色上用金色描绘着衔有橄榄枝的鸽子，并突显出洗练而醒目的英文单词"Peace"。包装充满着简约的美感，并契合了当初日本国内对于和平的期待。罗

❶ 森仁史.「工芸」から「デザイン」へ：工芸指導所から産業工芸試験所へ[J].産総研TODAY,2005,6:40-41.

❷ 出原栄一.日本のデザイン運動：インダストリアルデザインの系譜[M].東京：ぺりかん社,1992:150.

❸ 和田精二，大谷毅.デザインに対する松下幸之助の経営的先見性について：企業内デザイン部門黎明期の研究(1)[J].デザイン学研究,2005,51(5):37-46.

维通过这一包装设计获得了150万日元的天价设计费，其价格确实不菲——当时日本首相吉田茂的月薪约11万日元，普通上班族的平均月薪尚不足1万元。但这一设计的回报及其蕴含的经济价值不久便显现出来，"Peace"香烟在包装改版后经过2年的发展其销售数量增长了5倍以上。现代设计所蕴含的商业价值由此便在国内获得广泛共识。此外，相较于"工艺""商业美术"等词语，战前"design"的音译仅被用于服装设计，罗维对于工业设计语境下"design"一词在日本的推广发挥了重要作用❶。

"工业设计"一词作为一个专业术语在日本正式得以确立离不开时任工艺指导所企划部长的小池新二所积极开展的设计启蒙活动。他于1949年在《工艺新闻》上撰文表示"应该从新的设计运动中将工艺一词排除出去，'design'一词是设计之意而非意匠"❷。尽管举办于1949年的第一回产业意匠展中，展品依然以陶器、漆器、纺织印染品等工艺品为主，但工艺指导所同年就开始了关于工业设计的研究，次年便与东芝公司合作开展了现代设计管理流程的实践。实践从市场调查开始，经过设计研讨和生产管理，直至销售业绩的统计反馈。1952年，工艺指导所更名为产业工艺试验所并新设工业意匠科，开始向企业派遣指导员以推动工业设计在产业界的实践与发展。

小池新二对于战后初期日本工业设计产业的发展做出了重要贡献，不仅对工业设计概念加以明确，进行现代设计管理流程的实践，还针对工业设计开展了一系列工作。他参与创建了工艺学会、翰林工艺研究会、日本贸易品公团美术工艺室等设计组织，还以工艺指导所出版的杂志《工艺新闻》为舞台，积极介绍海外的优秀设计并普及相关知识，并先后在1949年举办于神奈川县横滨市的"日本贸易博览会"和1950年举办于兵库县神户市的"日本贸易产业博览会"中担任策划顾问，为战后初期工业设计理念的传播以及新式工业产品的普及发挥了重要作用❸。

2.2　工业设计在产业界的普及

战后初期的日本百废待兴，同时也孕育着大量商机，日本诸多制造类企业于此时成立，其中部分时至今日已是全球知名企业，且以其优良的设计知名于世。例如井深大（Ibuka Masaru，1908—1997）等人于1945年创立东京通信研究所（现索尼公司的前身），樫尾忠雄（Kashio Tadao，1917—1993）于1946年创立樫尾制作所（现卡西欧公司），本田宗一郎（Soichiro Honda，1906—1991）于1947年创立本田技研工业公司，此外Diesel汽车工业公司于1949年更名为五十铃汽车

❶ 竹原あき子, 森山明子. カラー版日本デザイン史[M]. 東京: 美術出版社, 2003: 75.

❷ 孫大雄, 宮崎清, 樋口孝之. 1940年代における小池新二の活動:「工芸の決別」から「インダストリアル・デザイン」へ[J]. デザイン学研究, 2008, 55(3): 1–10.

❸ 孫大雄, 宮崎清, 樋口孝之. 1940年代における小池新二の活動:「工芸の決別」から「インダストリアル・デザイン」へ[J]. デザイン学研究, 2008, 55(3): 1–10.

公司，而战前生产航空发动机的中岛飞行机于1953年改称富士重工业（现斯巴鲁公司）并开始制造汽车。

　　工业设计对于制造业具有促进作用，对此当时的日本产业界已有深刻认知。日本贸易振兴会（JETRO）前身，间接隶属于日本经济团体联合会的海外市场调查会于1955年建立了一项制度，不断向海外派遣产业意匠改善研究员，旨在进一步吸取欧美先进工业国家的设计经验。这一制度持续至1966年，为各企业的设计部门和设计教育机关培养了大量人才。1956年，由商工省发展而来的通商产业省下属的日本生产性本部根据与美国政府的相关协议，派遣以设计评论家小池新二为团长、共计十余人的工业设计调查团远赴美国的企业、大学、研究所、工厂、设计场所、市场调研机构等地进行考察，并参观了当年于美国科罗拉多州阿斯彭市举办的世界设计会议。调查团回国后，各成员通过提交报告、举办学习会等方式向日本设计界宣传讲解他们的体验，促使日本设计界迅速吸收美国的相关先进经验。

　　20世纪50年代起，以电器企业为代表的日本各制造业公司纷纷开始设置设计部门，松下电器公司是其先行者。公司创始人松下幸之助（Konosuke Matsushita，1894—1989）曾于1951年赴美调研，从对美国企业的观察中敏锐地发觉设计的重要性，感慨地称"从今往后是设计的时代"，回国后即设置设计部门并大力投入工业设计，开启了日本企业通过工业设计推动企业发展、提升产品定位的发展之路。成立于1951年的松下电器公司产品意匠科是日本家电企业最早的内部专业设计部门，松下幸之助特地将曾任职于商工省陶磁器试验所和高岛屋设计部，当时执教于千叶大学工学部的真野善一（Yoshikazu Mano，1916—2003，图2-1）招徕至该部门担任科长[1]。次年，公司即发布了由真野善一设计的第一款产品20B1型电风扇（图2-2）。其他公司则紧随其后，东芝公司于1953年，佳能公司于1955年，日立制作所、三菱电机公司和夏普公司于1957年，日本电气公司（以下简称为NEC公司）于1959年，索尼和三洋于1961年陆续成立了专业的设计部门[2]。

　　工业设计在电器企业得到空前重视和迅速普及，与日本当时的经济社会环境有着密切关系。当时日本面临经济复兴，电器产业不断成长，由此带来了消费需求的膨胀和市场竞争的激化。1953年被称为电化元年，从这一时期开始，洗衣机、冰箱、黑白电视机（一说为吸尘器）被称为"三神器[3]"，对于此时占据着日本消费市场重要一角的家电产品而言，工业设计已经成为对于获取市场优势不可或缺的一环。不仅是家电产品，其他相对高价的耐久型消费品也纷纷开始正式把设计导入企业发展战略，并逐步构建起自己的设计部门。例如，丰田

[1] 宇賀洋子.自分がデザインしたものが広く世の中にゆき亘ることを望んで－真野善一[J].デザイン学研究特集号,1993,1(1):27.

[2] 和田精二,大谷毅.デザインに対する松下幸之助の経営的先見性について：企業内デザイン部門黎明期の研究(1)[J].デザイン学研究,2005,51(5):37-46.

[3] "三神器"指日本自神话时代流传下来的八咫镜、天丛云剑（又名草薙剑）、八尺琼勾玉这三种宝物，历史上一直被视为天皇的象征，"二战"后这一名词被大众媒体用于形容一些最重要的东西。

图2-1　1958年的真野善一❶

图2-2　松下20B1型电风扇❷

的设计体制以日本爱知县名古屋市为中枢，其中位于该地的TOYOTA DESIGN Headquarter设立于1948年，主要负责量产车的设计与开发。日产汽车公司最初的设计部门——设计部造型科成立于1954年。诹访精工舍（现精工爱普生公司）为了强化手表外观的规划、设计和制造，1956年成立了生产部意匠系，并从1958年开始逐渐扩大其设计领域❸。

如果以广义的视角审视日本的工业设计，在企业层面与产品的造型设计同步得到提升的还有品质管理，这一过程受到了美国质量管理专家爱德华兹·戴明（W.Edwards Deming，1900—1993）的重要影响。爱德华兹·戴明曾在"二战"中将统计质量控制原理引入工业管理以应用于战时军备生产，但战后的美国产业界均对他的理论缺乏重视。1947年，爱德华兹·戴明接受驻日美军的征召赴日帮助战后重建，原本仅负责人口统计的他于1950年接受日本科学技术联盟（Union of Japanese Scientists and Engineer，简称JUSE）的邀请为日本企业的管理者们进行演讲。在演讲中，爱德华兹·戴明系统性地阐述了质量管理理论，引起了苦于产品质量低劣的日本企业家们的重视，他提出的通过提升品质以削减开支并提升市场占有率的理论得到日本产业界的认可并获得迅速普及。

"二战"后直至20世纪50年代初期的日本制造一度是粗制滥造的代名词，而自爱德华兹·戴明的理论得到大规模传播和应用后，日本企业的产品质量得到了明显的提升，有效策应了同时期逐步提升的造型设计，为日本制造的声誉改善奠定了基础。此后，日本科学技术联盟将爱德华兹·戴明于1950年的演讲内容制作成书出版，并将该书的版税作为基金于1951年创设戴明奖以纪念他对日本质量管理做出的贡献，该奖后来发展为全世界质量管理领域的最高奖项。

2.3　设计团体与设计教育的蓬勃发展

1953年，日本设计委员会（JDC）的前身国际设计委员会成立。该组织成立之初囊括了日本建筑领域的代表人物，诸如建筑设计师丹

❶ 来源：Panasonic

❷ 来源：Panasonic

❸ セイコーウオッチデザインセンター.生産部意匠係の発足[DB/OL].2020[2022-02-10]. https://www.seiko-design.com/140th/topic/12.html.

下健三（Kenzo Tange，1913—2005）、清家清（Kiyoshi Seike，1918—
2005）、吉坂隆正（Takamasa Yoshizaka，1917—1980），工业设计师柳
宗理（Sori Yanagi，1915—2011）、渡边力、室内设计师剑持勇，平面
设计师龟仓雄策，现代艺术家冈本太郎（Taro Okamoto，1911—1996），
设计评论家泷口修造（Shuzo Takiguchi，1903—1979）、浜口隆一
（Ryuichi Hamaguchi，1916—1995）、胜见胜（Masaru Katsumi，1909—
1983）等。20世纪50年代的日本设计界蓬勃发展的"优良设计运动"
是这一组织得以成立的重要背景。以成立于1925年的著名百货店银座
松屋为主要活动基地，JDC以设计启蒙为己任进行了各种社会活动，
其中位于松屋七楼的专题性销售是其具有特色的活动之一，即JDC自
1955年以来从设计师的视点选择富有设计感的产品并委托松屋进行主
题销售，以此向社会普及设计之美❶。

　　与蓬勃兴起的设计活动同期出现的，是各种新成立并在日后发挥
深远影响的设计团体。1952年的日本工业设计师协会（JIDA）、1953
年的日本设计学会（JSSD）与日本设计委员会（JDC）、1955年的造型
教育中心、1956年的日本设计师与工匠协会（JDCA）与综合设计师协
会（DAS）先后成立。短短几年内，设计相关团体纷纷涌现令人目不
暇接，这些团体成为战后日本设计界的重要组成部分。

　　其中，1952年成立的JIDA是日本工业设计的全国性组织，旨在
普及工业设计知识、提升工业设计价值、推动工业设计发展。该组织
的创设以全美工业设计师协会（ASID，American Society of Industrial
Designers，美国工业设计师协会的前身之一）为参考目标❷，最初的成
员仅包括佐佐木达三（Tetsuzo Sasaki，1906—1998）、剑持勇、柳宗理、
小杉二郎等25人，后来发展为日本工业设计界最重要的全国性组织之
一。次年在小杉二郎、塚田敢（Isamu Tsukada，1914—1969）、胜见胜、
丰口克平等人的活动下JSSD成立，后来发展成为全日本设计领域最有
影响的学术组织。

　　这一时期，传统工艺及文化遗产领域的工艺美术团体也纷纷涌现。
日本工艺学会是其中之一，其成立于1945年。1954年曾担任工艺指导
所意匠部部长及指导部部长的西川友武发起保存战乱期间遭受破坏的
这一日本工艺美术技术的组织活动，小池新二、丰口克平、高村丰周、
柳宗悦、国井喜太郎等自战前就活跃于设计界的人士均参与其中。工
艺学会发行《工艺学会志》作为机关杂志，设立工艺技术研究所、意
匠及意匠权研究委员会等附属组织，并组织工艺图案和各类应用型产
品的展览，借以推动日本传统工艺产业的复兴❸。1952年，随着工业
指导所改称为产业工艺试验所，工艺财团于同年设立以辅助产业工艺

❶ 日本デザインコミ
ュニティー.理念・活動
[DB/OL].2021[2022-02-
19]. https://designcommittee.
jp/about/.

❷ 岩田彩子,宮崎清,
鈴木直人,等.E23 JIDA
機関誌にみる1950年代
日本のインダストリア
ルデザインの課題:日本
におけるインダストリ
アルデザインの確立と
展開(1)(デザイン史,フ
ァッション,「想像」す
る「創造」～人間とデ
ザインの新しい関係～,
第56回春季研究発表
大会)[J].デザイン学研
究.研究発表大会概要
集,2009(56):218-219.

❸ 孫大雄,宮崎清,樋
口孝之.1940年代におけ
る小池新二の活動:「工
芸の決別」から「イン
ダストリアル・デザイ
ン」へ[J].デザイン学研
究,2008,55(3):1-10.

试验所进行各类调查研究。1955年，日本工艺会（JKA）与国际工艺美术协会（JAC）成立，日本工艺会以陶器、纺织染印品、漆器、金属工艺品、竹木类工艺品、人偶等领域的文化遗产及其技艺保存为主要目的并每年开展日本传统工艺展。

此外，不仅是工业设计和工艺美术领域，1951年成立的日本宣传美术会（JAAC）、1952年成立的东京广告艺术总监俱乐部（ADC，现东京艺术总监俱乐部）、1953年成立的图形集团（Graphic Shudan）和日本流行色协会（JAFCA）等视觉艺术类设计组织同样对设计在日本社会的普及发挥了重要作用。其中以简称"日宣美"的JAAC影响最为重大，该组织的源头可追溯至1938年的广告作家恳谈会❶，该次会议的成员于1950年组成东京广告作家俱乐部，并于翌年6月正式创立日本宣传美术会。山名文夫（Yamana Ayao，1897—1980）担任首任委员长，主要成员包括原弘（Hiromu Hara，1903—1986）、龟仓雄策（Yusaku Kamekura，1915—1997）、河野鹰思（Takashi Kono，1906—1999）等人。

JAAC每年会在日本各主要城市举办展览，并自1953年的第三回展览开始向社会募集平面设计作品。福田繁雄（Shigeo Fukuda，1932—2009）、粟津洁（Kiyoshi Awazu，1929—2009）、杉浦康平（Kohei Sugiura，1932—）、横尾忠则（Tadanori Yokoo，1936—）、胜井三雄（Mitsuo Katsui，1931—2019）等新人设计师以此为契机开始崭露头角。1955年，日宣美成员在日本桥高岛屋举办"平面55（Graphic'55）"展览，参展成员包括龟仓雄策、原弘、河野鹰思、早川良雄（Yoshio Hayakawa，1917—2009）、伊藤宪治（Kenji Ito，1915—2001）、大桥正（Tadashi Ohashi，1916—1998）、山城隆一（Yamashiro Ryuichi，1920—1997），是为那个年代最有影响力的平面设计展。随着各类展览和作品募集的持续，以及在国际设计交流活动中的活跃，JAAC在平面设计界的权威与日俱增，其影响力持续到20世纪60年代。

东京广告艺术总监俱乐部是由平面设计师细谷严（Gan Hosoya，1935—）领衔结成的以广告宣传、视觉传达领域设计师及从业人员组成的团体。图形集团则为平面设计师伊藤幸作（Kosaku Ito，生卒时间不详）、摄影艺术家大辻清司（Seiko Otsuji，1923—2001）、画家辻彩子（Ayako Tsuji，1929—）、美术家滨田滨雄（Hamao Hamada，1915—1994）、摄影师樋口忠男（Tadao Higuchi，1916—1992）等组成，横跨商业宣传、平面设计和摄影艺术的创作团体。前述团体均针对商业广告、平面艺术展开了一系列探索，并通过设计作品展向社会推广其理念。

与平面设计类似，工业设计的评选和展览也在这一时期出现，然

❶ 川瀬千尋.1930年代末の「産業美術」について－－『デセグノ』と『芸術と技術』にみる「商業美術」思潮からの脱却[J].藝叢,2010(26):13-23.

而与战前相关评选已不罕见的建筑设计界相比均显得相对滞后。每日新闻社从1952年开始举办新日本工业设计大赛（后更名为每日设计评选），前两届的桂冠分别由柳宗理和小杉二郎摘得。每日新闻社于1955年新设了每日产业设计奖，以表彰对工业设计和商业设计（其实为包装、平面与广告设计）两个领域中做出重要贡献者。此后，产业工艺试验所的"设计与技术展"、第一回全日本车展等大型展览于1954年举办，全国优良家具展于1955年举办，均为本时期具有影响的工业设计类展览。值得一提的是，1954年瓦尔特·格罗皮乌斯于战后再次访问日本，并于当年在位于东京的国立近代美术馆举办了"格罗皮乌斯与包豪斯展"，继续传播其设计理念。

　　随着战后舆论环境的自由化，艺术和设计类出版物呈现出蓬勃发展的态势。由工艺指导所发行，在战前的工艺和产业界即已成为重量级刊物的《工艺新闻》于1946年宣告复刊。美术出版社旗下的《水绘》❶和《美术手帖》、Atelier出版社旗下的《Atelier》❷同样曾在战争期间休刊，在战后最初几年均已复刊，这些老牌艺术类杂志和创刊于1950年的《艺术新潮》一起成为战后日本具有代表性的综合性美术杂志。

　　战后10年内日本设计教育迅速发展，除了少数战前在工艺领域展开设计教育（或工艺美术教育）的学校，今天我们可见的重要设计院校几乎都成立或改组于这一时期。1946年金泽美术工艺专科学校设立。1949年对于日本设计教育而言是一个非常重要的时间点，同年东京艺术大学成立工艺科，由东京高等工艺学校发展而来的千叶大学工学部新设工业意匠科，东京教育大学（现筑波大学）则设立艺术学科，此外京都工艺纤维大学设立，这四所学校后来均发展为日本现代设计教育的重镇。而1954年由服装设计师桑泽洋子所设立的桑泽设计研究所则继承了战前新建筑工艺学院的教学传统，成为民间设计教育的重要据点。

2.4　家具与家居用品设计的崛起

　　战后初期美国文化舶来并向日本社会渗透，日本战后的设计风格则受到美国商业设计以及北欧风格的影响。然而，朝鲜战争爆发后大量美军及其家属来到日本，他们归国时将陶器等日本工艺品带回美国后并受到好评，日本风格再次受到欧美民众的重视。在诸如1953年的加拿大国际贸易博览会，1955年的华盛顿州国际贸易博览会以及同年的瑞典国际工业设计、住宅、家居、工艺品展览会，1957年的米兰三年展，1958年布鲁塞尔世界博览会等国际展览中，日本的建筑、家具、

❶ 日文名《みづゑ》，创刊于1905年，主要内容曾为普及水彩绘画，后发展为日本具有代表性的综合性美术杂志，对于艺术的普及发挥了重要作用，后改为《美术手帖》的副刊。

❷ 日文名《アトリエ》，创刊于1924年，主要内容为绘画技法与美术普及，战前是日本具有代表性的综合性美术杂志。

工艺品、纺织品等受到国际设计界的关注❶。此外，随着局势的稳定，日本人的民族意识逐渐恢复，日本设计师与工匠协会的成立以及日本优秀手工艺品对美输出推进计划（俗称丸手计划）的制订象征着日本开始重视源于其传统文化的工艺品，并试图复兴其生产❷。此外本时期日本的家具设计也迎来复兴期，一方面具有历史传承的传统家具产地通过变革生产经营方式迎来新生；另一方面一批重视设计的家具企业陆续诞生，通过和日本及国外设计师的合作推出了不少足以留名设计史的商品。

日本的传统家具主要分为木制家具和藤制家具，木制家具的主要产地包括北海道旭川市、长野县松本市、静冈县静冈市和滨松市、岐阜县的高山市和飞驒市、广岛县府中市、德岛县德岛市、福冈县大川市等地。战后初期，活跃于家具设计界的著名木制家具制造商包括小菅家具公司（KOSUGA Furniture）、飞驒产业公司、天童木工公司等。与木制家具不同，虽然日本自古便有使用藤材制作弓、斗笠、枕头等用具的记载，但迟至幕末时期藤制家具才随着对外贸易通过长崎港传入，进入明治时期后逐步发展。知名的藤制家具制造商包括风间公司、山川藤艺制作所和YMK长冈公司。1955年，第一届全国优良家具展举办，作为战后最早的家具类博览会对于家具产业的发展和优秀家具的推广起到了非常重要的作用❸。

福冈县的大川家具源自14世纪的室町幕府时代的"榎津指物（指物即榫卯结构家具）"，明治时期以"大川指物"之名继续发展，其经典产品为"榎津簞笥"多抽屉衣柜，其外形充满简练美感并且具有良好的实用性。大川家具在战后得以进一步发展，在举办于1955年的西日本物产展中大川产的无拉手衣柜获得最高奖项。长野县的松本地区自16世纪中叶的江户时代即开始制作家具并延续至战后，被称为"松本家具"。1948年，出身于松本的工匠池田三四郎（Sanshiro Ikeda，1909—1999）受柳宗悦的影响并参加民艺运动，将欧洲家具和朝鲜家具的技术融入新式家具而形成其独特的风格，并展开对本地工匠的指导和教育。1953年，英国工艺师伯纳德·利奇（Bernard Leach，1887—1979）曾访问松本地区并进行关于英国传统家具制作的交流。旭川家具的历史相对较短，伴随着明治政府对北海道的征伐与开拓，大量随军工匠移居至军队驻地旭川，此后由政府通过开设木工传习所传授制造技术、向各地派遣进行市场调查的产业视察员、举办木工产品展览等方式，通过从上而下的行政主导方式推动旭川当地家具制造的发展，这也是旭川家具与其他几处产地的主要区别之一。

日本战后主要家具制造商中，小菅家具公司创业时间虽然可追溯

❶ 寺尾蓝子.1950年代日本のモダンデザイン：海外展におけるデザイン表現について [J].デザイン理論,2014,63:33-48.

❷ 出原栄一.日本のデザイン運動：インダストリアルデザインの系譜 [M].ぺりかん社,1992:172-180.

❸ 新井竜治.戦後日本の主要木製家具メーカーによる新作家具展示会の変遷 全国優良家具展・東京国際家具見本市・天童木工展・コスガファニチャーショー・ビッグフォーファニチャーショー・札幌三社展 [C]//日本デザイン学会研究発表大会概要集 日本デザイン学会 第57回研究発表大会.一般社団法人 日本デザイン学会,2010:E18-E18.

至19世纪60年代成立于大阪的藤制品公司尾张屋，但该公司直至1946年合并了名为妙高木工所的家具制造公司后才开始生产和销售木制家具，并于20世纪50年代开始对美国出口家具。小菅家具公司的主力产品为沙发和扶手椅，并根据不同的系列展现出迥异的设计风格。其中包括新古典风格、田园风格、日式风格，但现代风格占据着公司产品线的主流❶，其中部分家具展现出较为明显的北欧风格。除了木制家具以外，该公司还涉足藤制家具的设计制造。总体来看，小菅家具公司的市场化导向非常突出，其繁复的产品线及设计风格在相当大程度上来自对各细分市场的理解及据此进行的针对性设计。

　　岐阜县作为日本传统木制家具的重要产地之一，成立于1920年的飞驒产业公司在当地家具企业中颇具特色。该公司重视和设计师的合作并因此诞生了大量经典作品，与其合作过的设计师包括恩佐·马里（Enzo Mari，1932—2020）、川上元美（Motomi Kawakami，1940—）、佐佐木敏光（Toshimitsu Sasaki，1949—2005）、塞巴斯蒂安·考伦（Sebastian Conran，1956—）、原研哉（Kenya Hara，1958—）、奥山清行（Kiyoyuki Okuyama，1959—）、清水庆太（Keita Shimizu，1974—）、五十岚久枝（Hisae Igarashi，1986—）等产品或室内设计师，建筑设计师隈研吾（Kengao Kuma，1954—）、雕塑家三泽厚彦（Atsuhiko Misawa，1961—）也为该公司设计了部分家具，而染色家兼平面设计师柚木沙弥郎（Samiro Yunoki，1922—）、陶艺家兼版画家鹿儿岛睦（Makoto Kagoshima，1967—）则参与了布艺图案的设计。

　　作为日本家具界重镇的天童木工公司于1940年在山形县成立，通过将杉木、桧木等软质针叶树种切割出的单板通过公司独有的工艺予以加密加工，可生产出兼顾强度和可设计性的复合板材。天童木工公司基于这一技术，并积极与剑持勇、柳宗理、布鲁诺·马松（Bruno Mathsson，1907—1988）、奥山清行等工业设计师，丹下健三、黑川纪章（Kisho Kurokawa，1934—2007）、矶崎新（Arata Isozaki，1931—）等建筑设计师，以及丰口克平、水之江忠臣（Tadaomi Mizunoe，1921—1977）、川上元美等室内设计师进行合作，一方面将他们的设计投入生产，另一方面依托于自身的人才储备进行各种新式家具的设计开发❷。其中，加藤德吉（Tokukichi Kato，1901—1987）、乾三郎（Saburou Inui，1911—1991）、菅泽光政（Mitsumasa Sugasawa，1940—）等人均为任职于天童木工公司的重要设计师。由柳宗理于1954年设计、天童木工公司于1956年发售的S-0521RW型凳子（图2-3）成为这个时代日本家具设计的不朽名作，凳子仅由两块弯曲的复合板和数枚固定件组成，不仅兼顾了功能性和艺术性还便于拆装，因其造型神似

❶ 新井竜治.株式会社コスガにおける家具シリーズ·スタイル·デザイナーの変遷:戦後日本における木製家具及びベッド製造企業の家具意匠に関する歴史的研究(4)[J].デザイン学研究,2011,58(1):67-76.

❷ 新井竜治.株式会社天童木工の家具シリーズ·デザイナー·スタイルの変遷:戦後日本における木製家具及びベッド製造企業の家具意匠に関する歴史的研究(2)[J].デザイン学研究,2009,56(2):93-102.

蝴蝶的两翼而被称为"蝴蝶凳"。该型凳子于1957年赴米兰三年展参展并获金奖，后获得优良设计奖，纽约现代博物馆和巴黎卢浮宫将其列为永久收藏品，可谓为战后开始复兴的日本家具赢得了世界声誉。

相较于木制家具，风间公司可谓日本藤制家具的先驱者。1921年风间公司成立于神奈川县横滨市，至今已有百年历史。该公司的产品线包括桌、椅、床、柜、几、沙发、屏风、灯罩及其他日用品，以优良的选材和精湛的工艺制造出众多结构精巧、坚固美观的藤制家具。其中尤其以一些以大曲率的曲线构成内部骨格或外部形态的藤椅别具风格，此类藤椅由竹材和藤材构成，通过将竹材内部的竹节打通并在灌砂后炙烤弯曲成型以制成充满曲线美的型材❶，此外往往辅以涂装展现出具有年代沉淀感的风格，部分藤椅内置了回转机构以实现更加复杂的功能（图2-4）。

图2-3　天童木工S-0521RW型凳子❷　　图2-4　风间家具Rocking Swivel❸

山川藤艺制作所在藤制家具的设计方面具有极高的声誉，该公司1952年于东京成立，作为一个以藤编家具为业务的家具制造商，多采用未染色的淡色藤材制造各色精美家具。公司创始人山川七郎的次子山川让（Yuzuru Yamakawa，1933—2012）毕业于桑泽设计研究所，负责公司的产品开发与设计，留下了S-132型凳子"波波凳（Popo Stool）"（图2-5）、伊冯娜藤椅（Yvonne Chair）（图2-6）、LD椅（LD Chair）、果篮椅（Fruit Bowl Chair）等优秀产品。

除了前述公司以外，成立于1910年，将曲木技术融入设计的秋田木工公司；成立于1921年，采用北欧风格进行设计的二叶家具公司；成立于1927年，兼营建筑设计、展示设计和家具设计的野村木工所；成立于1928年，初期以曲木家具作为主要特色，20世纪60年代后逐渐转向豪华成套家具的Maruni家具公司；成立于1940年，现在销售额位于全日本前列的刈谷木材工业公司（现Karimoku家具公司）；成立于

❶ 新井竜治. 藤家具の カザマの沿革・デザイ ン・技術・販売戦略の 概要[C]//日本デザイ ン学会研究発表大会概 要集 日本デザイン学会 第67回春季研究発表大 会. 一般社団法人 日本 デザイン学会,2020:2.

❷ 来源：HDT.jp

❸ 来源：藤家具・アジ アン家具のカザマ

图2-5　山川藤艺S-132型凳子❶　　　图2-6　山川藤艺伊冯娜藤椅❷

1943年，以小批量手工定制生产作为特色的柏木工公司等，均在战后留下了一系列兼具传统美感和功能性的经典设计。

　　作为家具的一个分支，办公家具随着战后日本经济的迅猛发展得到了快速成长，曾经以木材为主的办公家具在木材之外逐渐导入金属、塑料、纺织材料等，形成了相较于家用家具而言相对独立的特点，除了天童木工公司针对家用和办公两种需求均发展了较多木制家具之外，多数传统家用家具公司较少涉入办公家具这一领域。设计和制造办公家具的代表性公司包括国誉（KOKUYO）公司、伊藤喜（ITOKI）公司、冈村制作所和内田洋行等。

　　伊藤喜公司自1890年创业以来长期致力于办公器具的制造，1934年已经开始制造公司用的钢制办公桌与圆椅，战后则以1955年推出的S型办公桌与1957年的朝日放送型办公桌为开端，正式开始了各类办公桌的设计❸。创业于1905年的国誉公司原本经营纸类产品，1960年以推出金属制文件柜为开端将公司经营重心转向办公家具的生产，并于数年内迅速完成办公桌和办公椅的设计制造。内田洋行1910年以制造销售测绘器具而起家，于20世纪50年代在日本代理销售电脑因而与电脑结缘，后来陆续参与小型计算机的开发与经营，并开始制造电脑等办公机器专用的金属家具，1962年推出"系统办公桌（System Desk）"后开始进入办公家具的设计领域❹。冈村制作所于1945年创业，其问世虽然相对较晚，但1951年已开始生产钢制办公椅，1957年则开始发售钢制办公桌和陈列架等办公家具。

　　本时期家具设计领域出现了一些著名设计师和一系列知名作品，在材料的选择和加工上总体遵循着简洁、廉价的原则。此时的日本仍处于战后经济恢复期，没有足够的物资供设计师们尽情施展，因此需

❶ 来源：ヤマカワラタン

❷ 来源：安田屋家具店

❸ イトーキ株式会社．イトーキの歩み[DB/OL].2022[2022-05-21]. https://www.itoki.jp/company/history.html.

❹ 内田洋行.内田洋行の歴史[DB/OL]. 2021[2022-05-21]. https://www.uchida.co.jp/company/corporate/history.html.

要使用易于廉价入手的材料，并通过相对简便的工艺使之成型，这无疑考验着设计师们的功力，本时期渡边力的作品便是对贫乏的物资和设计师巧思的体现❶。渡边力毕业于东京高等工艺学校的木材工艺科，曾入职由布鲁诺·陶特指导的群马县工艺所，并于战后开设了自己的设计事务所，因为在战后的一系列经典设计而被誉为战后日本设计黎明期引发革新的先锋式人物。

发布于1952年的绳椅（图2-7）是渡边力的成名作，该型椅子以其质朴的造型搭配廉价而易于入手的材料成为这一时期家具的象征。发布于1954年的固体凳（Solid Stool）则是为了与建筑家清家清设计的住宅进行配套，由渡边力设计的系列家具中的代表性产品，简约实用的折叠式结构不失端正的形式美（图2-8）。两年后发布的鸟居凳（Torii Stool）则通过藤材的使用延续了固体凳对于凳子造型与结构的思考，成为渡边力最有名的代表作。渡边力长期活跃于工业设计的第一线，与剑持勇、柳宗理等宗师级设计师共同构筑了兼具现代主义构成思维和日本传统元素的所谓日本式现代主义风格。

民艺运动领袖柳宗悦之子柳宗理是战后另一位具有代表性的日本式现代主义设计师，在家具、家居用品的设计领域都获得了极高的成就。学习西洋画出身的柳宗理在新建筑工艺学院教员、出身于包豪斯的建筑教育家水谷武彦的影响下对设计产生了兴趣，后来曾陪同访日的法国家具设计师夏洛特·贝里安赴日本各地考察，在此过程中接触了日本各地的传统工艺，对他日后的设计思想产生了重要影响。1952年柳宗理设计了黑胶唱片播放器并在第一届新日本工业设计大赛获得优胜，正式迈入日本设计界。次年为东京瓦斯公司设计的速热不锈钢

❶ 宫内哲.渡邊力：大河の底流のごとくに（<特集>デザインのパイオニアたちはいま）[J].デザイン学研究特集号,1993,1(1):48-51.
❷ 来源：メトロクス东京
❸ 来源：メトロクス东京

图2-7　绳椅❷

图2-8　固体凳❸

水壶则是他另一个早期的经典设计（图2-9），该型水壶具有稳定感的扁平形式，底座因较宽故具有良好的热循环效应以便更快地将水煮沸。此外符合人体工程学设计的手柄使倾倒过程毫不费力，而进水口很宽则便于清洗。1954年，柳宗理设计的象凳是他迈向家具设计领域的一次成功尝试，该型低脚凳由玻璃纤维制成，在一些特定角度下神似大象，不仅轻便且可大量叠放（图2-10）。

1956年，柳宗理创造了他早期最著名的两个作品，除了作为日本式现代主义家具代表而留名于设计史的蝴蝶凳，同年为岐阜县陶瓷器试验场设计的白瓷器系列同样大获成功。一般的陶瓷茶壶是在制作完本体后再粘上壶耳，而该款白瓷茶壶则使用灌浆法一体成型，使壶身与壶耳的结构完美地融为一体（图2-11）。白瓷茶壶与蝴蝶凳一并参展次年的米兰三年展并获金奖，是日本战后最早获得国际奖项的餐具设计。同一系列中的餐桌酱油瓶也别具一格，除壶嘴之外的另一个凸起结构不仅是中空手柄也是酱油注入口，此外还具有补气孔的作用，独特的造型在同类产品中颇为抢眼（图2-12）。

战后以陶瓷器为主要材料的家居用品也得以迅速恢复生产，以长崎县波佐见烧、栃木县益子烧、三重县万古烧等地区型陶瓷器流派为代表，这些流派所在的传统陶瓷器产地汇集着大量的中小型企业积极面向厨具、餐具及日用杂货的设计与生产，通过传统的工艺生产了一系列面向现代生活的日常家居用品。此外，哲学家柳宗悦、陶瓷器工匠滨田庄司（Shoji Hamada，1894—1978）等热心于民间工艺品的人士通过与瑞典陶瓷用品设计师威廉·科格（Wilhelm Kåge，1889—1960）、瑞典陶瓷与玻璃用品设计师斯蒂格·林德伯格（Stig Lindberg，1916—1982）、芬兰陶瓷与玻璃用品设计师卡伊·弗兰克（Kaj Franck，1911—1989）等北欧设计人士的交流，对外传播了日本陶瓷器的美学理念[1]。

2.5　蹒跚起步的家用电器与交通工具设计

"二战"结束后日本的民用电子工业开始恢复生产，无论是战前即

❶ 長久智子.1950年代における北欧モダニズムと民藝運動、産業工芸試験所の思想の交流ースウェーデン、グスタフスベリ製陶所のヴィルヘルム・コーゲ、スティグ・リンドベリとフィンランド、アラビア製陶所のカイ・フランクの来日を視点として一[J].愛知県陶磁資料館研究紀要,2013,18:35-76.

❷ 来源：TODAY'S SPECIAL

❸ 来源：1stdibs

❹ 来源：ZOZOTOWN

❺ 来源：オークフリー

图2-9　速热不锈钢水壶❷

图2-10　象凳❸

图2-11　白瓷茶壶❹

图2-12　白瓷餐桌酱油瓶❺

已实用化的收音机、电风扇等，还是仅生产出样机尚未推向市场的电视机等，均进入了一个快速的发展阶段。尽管多数设计仍处于模仿美国同类产品的阶段，以索尼公司推出的收音机及东芝公司推出的电饭锅为代表的一部分日本国产电器，均体现了日本设计师独有的思考。

收音机是设计风格从战前颇具装饰色彩的古典主义在战后转向现代主义的典型，早川电机工业公司（现夏普公司，以下均使用现名称）与索尼公司这一时期的收音机设计风格均体现了这种转变。夏普公司源于早川德次（Tokuji Hayakawa，1893—1980）创办于1912年的金属加工厂，1925即生产出日本第一台国产矿石收音机，在收音机生产领域可谓传统悠久。战后初期，夏普公司依然部分延续了风行于战前、装饰主义浓厚的设计风格，例如1950年问世的夏普5R-50型超外差收音机尚残留着些许战前典型的家具及内饰风格（图2-13），而1957年推出的TR-115型晶体管收音机则采用了颇具科技色彩的简约造型。

在收音机设计方面另一个颇具代表性的公司是由井深大（Masaru Ibuki，1908—1997）、盛田昭夫（Akio Morita，1921—1999）等人于1946年创立的东京通信工业公司（现索尼公司，以下均使用现名称）。索尼公司于1955年发布日本第一台国产晶体管收音机TR-55型（图2-14），且一开始就采用了颇具现代主义风格的简约设计，该公司于本世代的另一个典型是发布于1957年的TR-63型收音机，作为当时世界上最小的晶体管收音机，不仅便于携带，金白红三色构成的设计颇为美观，是为索尼公司正式向欧美市场出口的开端。

由光伸社公司研发并由其合作方东京芝浦电气公司（现东芝公司）发布于1955年的东芝ER-8型电饭锅（图2-15），开创了世界上电饭锅之先河。东芝ER-8型电饭锅简洁的外形充满着实用主义色彩，也成为日本20世纪50年代家用电器原创设计的代表作品。

然而，这一时期的多数家用电器如战前的洗衣机、冰箱和吸尘器

❶ 来源：rakuten.co.jp

❷ 来源：Timetoast

图2-13　夏普5R-50型收音机 ❶

图2-14　索尼TR-55型收音机 ❷

一样，其设计的发展和演变依然受到美国同类产品的深刻影响，其中电视机是较为典型的案例。松下电器公司于1951年从美国买回电视机作为模仿的材料，当时的NHK研究所在联合日本各公司研发电视时也是购入美国电视机作为原型。1953年初早川电机工业公司（现夏普公司）发布日本最早的量产电视机TV3-14T型（图2-16），松下电器公司则于同年6月发布其最早的量产电视机17K-531型，在这两款电视机上可以看到美国设计的风格。同年日本的有线电视播放服务正式开始，各电器类企业纷纷进入这一领域，从此电视机逐渐开始在日本国内普及。

图2-15　东芝ER-8型电饭锅　　　　图2-16　夏普TV3-14T型电视机❶

　　日本早期的电视机从形态设计上可分为四种类型，分别为今天最为常见且需放置于电视柜上的桌面式（Table Type）、呈落地柜状纵向布局的落地式（Console Type）、呈高几状配有长腿的小型落地式（Consolette Type）、附有移动用把手的便携式（Portable Type）。夏普公司的TV3-14T型电视机即为桌面式，松下电器公司的17K-531型电视机则为落地式（图2-17）。而对于电视机外壳所用材料的选择，各企业在早期多选用木材，此后曾一度转用金属，最后塑料制外壳成为主流直至今天。
　　至于电视机造型，则从最初以模仿美国的桌面式和落地式电视机为主流开始转向为多种形态并存，1957年后小落地式逐渐成为日本市场的主流产品，同时便携式电视也逐渐得到发展❷。其中14英寸的夏普TM-20型电视机"鹦鹉（Parrot）"将操作界面移至机体侧面以保持机体正面的简洁（图2-18），为本时期的经典设计之一，而更小巧的12英寸便携电视机则到1963年以后才出现❸。本时期仍处于战后的经济复兴期，以电视、吸尘器、电冰箱为代表的高价家用电器对工薪阶层而言普及率依然不高，对外追随美国同类产品的设计，对内尚无庞大用户基数带来的需求反馈，因此处于满足基础功能、以实用为第一要务的阶段。
　　交通工具的设计与家用电器设计类似，这一时期也处于蹒跚起步

❶ 来源：シャープ100年史「誠意と創意」の系譜

❷ 増成和敏, 石村眞一. 日本におけるテレビジョン受像機のデザイン変遷(1)：草創期から普及期まで[J].生活学論叢,2008,13:110-123.

❸ シャープ株式会社.シャープ100年史「誠意と創意」の系譜[DB/OL].2013[2022-07-26]. https://corporate.jp.sharp/info/history/h_company.

图2-17　松下17K-531型电视机❶　　　　图2-18　夏普TM-20型便携电视机❷

阶段。战后初期日本的汽车制造界依然以日产汽车公司和丰田公司为首。丰田公司尽管迅速恢复了民用车辆的生产，但在相当长一段时间之内因美军管制政策的限制而不能直接参与轿车的制造，仅能从事卡车的生产、驻日美军所用吉普车、卡车等的修理。在这段时间里，丰田汽车公司主要模仿福特公司的引擎完成了新型引擎S型引擎的开发。从战后初期到20世纪50年代初期，丰田汽车公司为了规避美军管制政策由本公司提供底盘和引擎，由其他制造商设计制造车身外壳，组合后冠之以"丰田"这一品牌推向市场，公司通过这种方法推出了一系列搭载了S型引擎的新型轿车，其中包括后来的经典车型科罗娜（Corona，又称日冕）的第一代车型。

　　1950年，丰田汽车公司了解到美军以及日本警察预备队希望试制四轮驱动车辆，及时抓住这一契机，根据战前为陆军研制四轮驱动车辆的经验，于1951年初推出试制车，并于1954年将其命名为陆地巡洋舰（Land Cruiser）。此后经过诸如缩短轴距、改进变速箱、增大车内空间等设计，制造出了相较于军用型而言更加舒适、易于操作的民用车型，因为越野性能优越，陆地巡洋舰在地形复杂的国家广受欢迎。

　　随着驻日美军对日本轿车生产限制的解除，丰田汽车公司提出依托于纯粹的国产技术研制新车型的愿景，并于1952年重新开始轿车的自主研发。丰田汽车公司一改过去自行开发引擎和底盘、委托其他制造商设计制造车身外壳的做法，独自进行整车全部件的设计、制造和售后管理。新车的性能和造型一反过去过分强调实用和节约的做法，不仅维持了以往车型在牢固性、恶劣路况下通过性的优点，还增大了车体尺寸，强调明快迅捷的设计风格，该车型被命名为皇冠（Crown），是为日本战后最早独立开发的家用轿车（图2-19）。尽管皇冠被寄予厚

❶ 来源：Panasonic
❷ 来源：シャープ100年史「誠意と創意」の系譜

图2-19　初代丰田皇冠 ❶

图2-20　达特森113型轿车 ❷

望并开启了对美国出口之路，但因为品质相较于欧美同类产品有较大差距而未能获得成功。

　　日产汽车公司在1952年与英国奥斯汀汽车公司合作，逐渐吸收其技术并对本公司产品进行改进，于1955年推出了本时期另一款划时代的车型达特森110型轿车，该型车的设计由日产汽车公司设计部造型科的首任科长佐藤章藏（Shozo Sato，出生时间不详—1981）负责。达特森110型轿车的开发过程体现了实用、节俭的方针，整体车身进行全新开发，引擎和刹车系统等均沿用既有车型的设计，该车凭借其良好的可靠性被广泛用于出租车。此后日产汽车公司在该型车的基础上发展出达特森111型、112型、113型等衍生车型（图2-20）。其中达特森112型轿车于1956年获得每日工业设计奖，其评语为"肯定了日本之贫乏的健康设计"，足以看出本时期的日产汽车公司以日本战后初期艰难复兴的国内市场作为目标，开发该款车型时所秉持的实用至上的简朴设计理念。

　　面对着汽车界的两大巨头，作为汽车设计和制造领域后起之秀的本田技研工业公司在20世纪50年代的主要业务依然是助力自行车和摩托车。其创始人本田宗一郎在1947年尝试将引擎安装在自行车上用于助力，这一改装的极大成功让本田宗一郎于1948年成立本田技研工业公司，开始生产本田最初的产品"Dream D"型摩托车（图2-21）。在那个车体涂装被默认理应为黑色的年代里，本田宗一郎将车体涂上紫褐色用以彰显其独特的美学色彩 ❸。此后于1952年发布的"Supercub F"型摩托车则以充满光泽的墨绿车身搭配白色水箱、红色引擎这一全新设计让人眼前一亮，成为风靡一时的热销产品 ❹。1954年的"Juno K"型摩托车以其大型风挡、纤维增强塑料制车身、充满流线感的设计展现出激进的设计风格，尽管因过分先进未获得市场方面的成功，却在工程角度为后来的车型发展奠定了基础 ❺。

❶ 来源：ベストカー

❷ 来源：GAZOO

❸ 本田技研工業株式会社.本格的2輪車・ドリームD型登場[DB/OL].[2022-03-20]. https://www.honda.co.jp/50years-history/limitlessdreams/dtype/index.html.

❹ 本田技研工業株式会社.カブF型の販売店開拓DM戦略[DB/OL].[2022-03-21]. https://www.honda.co.jp/50years-history/limitlessdreams/ftype/index.html.

❺ 本田技研工業株式会社.マン島TTレース出場宣言[DB/OL].[2022-03-21]. https://www.honda.co.jp/50years-history/limitlessdreams/manttraces/index.html.

图2-21　本田 Dream D 型摩托车❶

图2-22　铃木 Suzulight 型汽车❷

铃木汽车公司原名为铃木式织机公司，与丰田汽车公司同由制造纺织机械起家，但在战后纺织机械市场需求低迷的背景下开始开发引擎等部件，并于1954年将公司更名为铃木汽车公司。与本田技研工业公司类似，铃木汽车公司最初也是开发摩托车并逐渐转向汽车领域，因为一开始即选定轻型汽车作为开发目标，故于1954年下半年即开发出名为 Suzulight 型汽车，并于1956年投入市场（图2-22）。

2.6　战后复兴与功能主义设计

1950年不仅是战后日本经济的复兴期，也是日本工业设计的确立期，在驻日美军的影响下美国生活方式及其载体——住宅、家具、家用电器、日常用具等的设计通过工艺指导所传入日本产业界，以松下幸之助为代表的企业家通过对美国产业界的考察学习认识到工业设计的重要性，设计师这一职位乃至设计部这一部门逐渐在制造业普及开来。马自达公司的 T1500 型三轮车、东芝公司的 ER-8 型电饭锅、日产汽车公司的达特森110型轿车、富士电气公司的 FDS-2557 型电风扇、索尼公司的 TR-55 型收音机等均为本时期最重要的工业产品。然而纵观前述产品的造型，却能发现尽管日本产业界如饥似渴地向美国学习，但不同于美国此时的颇显浮夸的商业设计，前述产品均追求在表现产品本身质地的前提下维持简洁、质朴的造型。

战后初期日本工业产品的造型取向一方面来自战前与欧洲设计界交流成果的传承，但更为重要的是市场的现实状况。在战后初期依然过着贫困生活、试图在废墟上重建经济的日本人眼中，自然、简朴、充满清洁感的事物最符合他们朴素而传统的审美意识。本时期最为活跃的设计师，如剑持勇、柳宗理、小杉二郎、真野善一、渡边力等均出生于20世纪10年代前、中期，此时正值30~35岁的年龄，经历过青年时期的探索、积累并亲历了国家的剧变，此时进入了其设计创作的成熟期，面对不求新潮而讲求实用的市场需求，一个个简朴、实用、稳重的设计在他们的手中诞生。尽管这一时代涌现出一批优秀的设计师，蹒跚起步的经济复兴和孱弱的技术积累限制着日本所能设计、制造的产品，来自消费市场和制造能力的双重限制是功能主义设计的重要原因。

功能主义的另一个背景在于工业设计与工艺美术的分离，以及产业界对工业设计在现代制造业中所发挥作用的认识之深化。日本的工业设计脱胎于面向欧美出口的工艺品制造，其典型是明治时期的陶艺品加工，此后陆续有大正时期伴随着西式建筑诞生的现代家具设计，以及昭和时代前期对于欧美汽车、家电的模仿等，这一过程中日本制造产业不仅出现了现代制造业与传统手工业的分化，也出现了工艺与美术的分化❶。然而作为后发追赶者的日本产业界主要着眼于对欧美成果的追随和模仿，其实力尚不足以支撑完整的研发、设计与制造流程，在这一过程中，通过"工艺""意匠""图案"等加以表述的原始工业设计概念往往表现为对产品表面的修饰和美化，因此此类行为未能彻底脱离工艺美术的范畴而独立存在。

在战后的日本，随着工业设计的方法及其经济价值在产业界开始普及，工业设计一度被赋予了过大的期待。一方面是对工业设计的定位依然残留着工艺美术的色彩，另一方面是企业对设计师的盲信。一些机构复杂产品的诞生其实由多方人员通力合作而成，仅仅负责其造型设计的设计师有时依然如绘画、雕塑等作品般为整个产品署名。前述行为引发了技术和营业部门的质疑，企业在经营实践中也逐渐发现，对工业设计曾经抱有的期待并不现实，从而引起了企业决策层及执行部门对于工业设计的作用乃至设计师这一角色定位的重新审视。

在对工业设计乃至设计师进行重新审视的过程中，面对现代工业产品所具有的复杂结构和功能时，个人的局限性逐渐显露。设计师则不满足于表面的修饰而趋向参与技术团队的深度设计工作，致使设计师从一个总揽外观设计的造型者逐渐转变为产品规划、开发、制造过程中的协调者。现代产品的设计过程实质上是由企业所主导，且离不开经营、技术、制造等部门的协同，这一现实要求设计师走出工艺美术范畴内一手包办设计与制造的旧有立场，作为公司的一分子在设计过程中发挥自身的作用，这也最终导致了无名性设计（Anonymous Design）的出现❷。

❶ 渡辺眞.＜書評＞出原栄一著「日本のデザイン運動：インダストリアルデザインの系譜」ぺりかん社,1989年,304頁[J].デザイン理論,1990,29:114-116.

❷ 飯岡正麻.アノニマスデザインの系譜：有銘と無名のはぎまで（＜特集＞アノニマスデザインを考える）[J].デザイン学研究特集号,1993,1(2):6-9.

大事记

1945年 驻日美军总司令部和日本设计师合作建设驻军家属住房；日本工艺学会成立；井深大创立东京通信研究所（现索尼公司）。

1946年 驻日美军总司令部和工艺指导所合作制造提供驻军家属的家居用品和家用电器；日本工艺协会设立；樫尾忠雄创立樫尾制作所（现卡西欧公司）；金泽美术工艺专科学校设立；《工艺新闻》复刊。

1947年 帝国美术学院改称武藏野美术大学；多摩帝国美术大学改建为多摩造型艺术专科学校；帝国艺术院改称日本艺术院；山胁严和小杉二郎等设立生产工艺研究所。

1948年 日本陶瓷器设计协会（PDOJ）成立；本田技研工业公司创立；《美术手帖》创刊。

1949年 日本贸易博览会在横滨市举办；东京艺术大学设立；由东京高等工艺学校发展而来的千叶大学工艺学部设立；东京教育大学（现筑波大学）设立艺术学科；东京艺术大学设立工艺科；京都工艺纤维大学设立。

1950年 戴明开始在日本宣传质量管理理论；日本贸易产业博览会在神户市举办；文化厅开始主办"艺能选奖"（设计属于其"美术"部门）。

1951年 日本宣传美术会（JAAC）成立；松下电器设立全日本最早的产品意匠科（产品设计部）；海外市场调查会（现日本贸易振兴会）设立；千叶大学设立工业意匠学科。

1952年 《企业合理化促进法》颁布；《进出口交易法》颁布；日本工业设计师协会（JIDA）成立；工业指导所改称为产业工艺试验所；工艺财团设立；《每日新闻》举办第一届新日本工业设计展和设计大赛；国立近代美术馆开馆；山川藤艺制作所创立；宾得公司发布日本第一款35mm单反相机"Pentax Asahiflex"。

1953年 日本设计委员会（JDC）成立；日本设计学会（JSSD）成立；日本流行色协会（JAFCA）成立；由多摩造型艺术专科学校发展而来的多摩美术大学设立；雷蒙德·罗维的著作《工业设计》的日文版《从口红到机车》（日文名：口紅から機関車まで）出版；夏普公司发布日本首款量产型电视"TV3-14T"。

1954年 桑泽设计研究所设立；GK Design Group成立；瓦尔特·格罗皮乌斯访日；近代美术馆"格罗皮乌斯与包豪斯展"举办；产业工艺试验所"设计与技术展"举办；第一回全日本车展举办；京都工艺纤维大学设立意匠工艺学科。

1955年 海外市场调查会开始向海外派遣产业意匠改善研究员；日本工艺会（JKA）成立；国际工艺美术协会（JAC）成立；《每日新闻》开始主办"每日产业设计奖（现每日设计奖）"；日本纤维意匠中心开设；日本杂货意匠中心开设；造型教育中心开设；优良设计中心于银座松屋开设；全国优良家具展举办；由金泽美术工艺专科学校发展而来的金泽美术工艺大学设立；《Living Design》（日文名：リビングデザイン）创刊；富士重工业公司（现斯巴鲁公司）创立。

1956年 外国设计师招聘计划开始；日本生产性本部派遣工业设计调查团赴美考察；杂货意匠中心与陶瓷器意匠中心开设；日本设计师与工匠协会（JDCA）成立；综合设计师协会（DAS）成立；渡边力、松村胜男等组成设计团体Q-designers。

第 3 章
经济高速成长期的日本工业设计
（1957—1972年）

日本经济从20世纪50年代后半叶开始腾飞，制造业高速发展并带来国民收入的迅速增加，对于此时的日本而言民用制造业的有无问题已然解决，日本制造业在全球市场的竞争力问题开始浮现。战后经济复苏时期对欧美产品的大规模模仿和剽窃问题亟待解决，优良设计商品选定制度在这一背景下出现，以此为标志日本逐渐走上了重视原创、以设计打开市场的道路。本时期是日本工业设计的高速发展期，众多家具企业纷纷推出传统工艺与现代主义风格相融合的经典作品，家用和个人消费电器也开始出现极富日本特色的设计风格，新干线的建成及汽车产业的逐步完善则进一步推动了日本制造业走向高端。本时期的日本工业设计一改简约、质朴的风格，以消费者的物欲为导向，充满了商业进取心和消费主义色彩。

3.1　从模仿走向原创

尽管工业设计的作用在日本逐渐受到重视，但纵观20世纪50年代，日本在影像器材、摩托车、陶瓷制品、钓具、文具等众多领域存在大规模的模仿、剽窃行为。即使是很多企业的经营者，对知识产权的认识也相当缺乏，他们对于设计的使用往往停留在直接抄袭欧美同类产品的层面❶。因此尽管战后初期的贸易振兴政策扩大了贸易规模，但随之而来的是对外贸易中模仿、剽窃等现象的多发，并引起了相当程度的贸易摩擦。1950年，时任日本通产大臣池田勇人曾表示，设计抄袭现象将伤及日本从业者的信用与荣誉。此外，外务大臣藤山爱一郎于1958年访问英国时曾被记者围住询问日本产品的抄袭问题，这一场景在电视上的播放引起了日本社会的巨大反响。

从明治维新以来直到战后初期，曾一度帮助日本实现快速工业化的模仿、剽窃等做法此时已不再适用，不仅激化了贸易冲突也严重影响了日本制造的声誉。在此背景下，日本于1957年颁布《出口检查法》、1959年颁布《出口商品设计法》用于强化打击侵犯知识产权的出口商品，以此为开端日本开始从法律层面防止剽窃设计的行为。1957年，通商产业省召开第一届外观设计奖励审议会，由此开始了优良设

❶ 栗坂秀夫. 模倣から創造へ:デザインの残像(＜特集＞デザインにおける時代性)[J]. デザイン学研究特集号,1994,2(3):10-11.

计商品选定制度，这是日本所谓G-Mark优良设计奖的开端。其宗旨在于，对内选拔优秀的设计并向社会推广，对外则防止设计抄袭侵害知识产权。本时期其他重要的设计奖项包括由日本标识设计协会（SDA）设立于1966年的日本标志设计奖，由日刊工业新闻社创办于1970年的机械工业设计奖（IDEA）。

为了进一步推动出口贸易的成长，通商产业省于1958年3月设置设计科，并于同年将意匠奖励审议会改为由通商产业省设计科管理以提升其重要性。意匠奖励审议会于1958年首次论及日本的设计振兴政策时，将设计定义为"不同于单纯的样式、装饰或流行概念，作为商品的综合属性意味着功能和形态的融合美，是具有生活实用性的形态"，这一观念是与战前工艺美术概念的彻底诀别。在谈及发展日本的工业设计时，意匠奖励审议会将其定位为"对于振兴出口贸易而言亟待解决的问题"，强调设计抄袭影响了日本的声誉，计划通过创设日本设计屋、制订出口计划、普及设计观念和支援民间组织等方式推动原创设计的发展。

1959年，意匠奖励审议会更名为设计奖励审议会，1966年又更名为出口检查及设计奖励审议会，并继续推行以出口为导向的设计政策。在设计振兴政策的影响下，20世纪60年代后日本逐渐远离抄袭模式，开始通过设计创造产品的附加价值，走上了设计强国的道路❶。随着国民收入的迅速提升，制造业对于日本的意义不再限于赚取外汇、积累生产资本，设计符合日本民众需求的产品以满足其物质需求逐渐成为日本产业界的另一项重要任务。1961年，设计奖励审议会阐述设计振兴政策时尽管延续了1958年的精神，依然将设计定义为"企业活动的重要构成要素"和"国民经济问题"，设计振兴的目标却变为兼顾推动出口和满足国内市场，由此可以看出随着日本经济的腾飞和国内市场的壮大，日本的设计行政随之开始发生转变。

1960年在东京召开的世界设计会议（World Design Conference）是日本首次举办重要的国际性社会活动，以"20世纪的整体形象"为主题。本次会议由坂仓准三（Junzo Sakakura，1904—1969）担任代表，他是柯布西耶风格在日本的主要倡导者、以设计1937年法国巴黎世博会日本馆闻名的建筑家。本次会议丹下健三（图3-1）、前川国男、柳宗理等人担任会议筹备委员，集合了来自26个国家的建筑设计师、工业设计师和平面设计师等专业人士。

参加这次重要国际性社会活动的著名专业人士包括曾活跃于包豪斯的匈牙利平面设计师赫伯特·拜耶（Herbert Bayer，1900—1985）、美国现代主义建筑设计师路易斯·康（Louis Kahn，1901—1974）、法

❶ 栗坂秀夫.模倣から創造へ:デザインの残像(<特集>デザインにおける時代性)[J].デザイン学研究特集号,1994,2(3):10–11.

国工业与建筑设计师让·普鲁维（Jean Prouvé，1901—1984）、意大利未来主义设计师布鲁诺·穆纳里（Bruno Munari，1907—1998）、长期活跃于瑞典并强调建筑节能性与人文性的英国建筑设计师拉尔夫·厄斯金（Ralph Erskine，1914—2005）、日本现代主义建筑设计师芦原义信（Yoshinobu Ashihara，1918—2003）、美国粗野主义建筑设计师保罗·鲁道夫（Paul Rudolph，1918—1997）、善于将日本传统元素用现代主义建筑语言加以表现的日本建筑设计师筱原一男（Kazuo Shinohara，1925—2006）、印度粗野主义建筑设计师巴克里希纳·多西（Balkrishna Doshi，1927—）、英国粗野主义建筑设计师史密森夫妇（Alison Smithson，1928—1993；Peter Smithson，1923—2003）等著名人士。

在本次世界设计会议期间，建筑评论家川添登（Noboru Kawazoe，1916—2015）、青年建筑设计师菊竹清训（Kiyonori Kiyonori，1928—2011，图3-2）、黑川纪章（图3-3）、大高正人（Masato Otaka，1923—2010)、桢文彦（Maki Fumihiko，1928—）、城市规划师浅田孝（Takashi Asada，1921—1990），以及工业设计师荣久庵宪司、平面设计师粟津洁等人结成名为"新陈代谢派（Metabolism）"的组织，并发表由菊竹清训、黑川纪章、川添登、大高正人和桢文彦五人合著的《Metabolism/1960 — 对城市的提案》作为新陈代谢派的成立宣言，该宣言包括菊竹等成员的设计项目，如菊竹清训的"海上城市"、黑川纪章的"空间城市"等❶。

尽管1960年的世界设计会议被广泛认为是新陈代谢运动的正式开端——然而从设计理念的演变而言，有学者认为应追溯至国际现代建筑协会（Congrès Internationaux d'Architecture Moderne，简称CIAM）的部分成员对于建筑和城市规划的探讨，在荷兰举办的CIAM'59会议上，丹下健三介绍了菊竹清训涉及的项目，首次将新陈代谢派的理念向国际建筑界传播❷，而新陈代谢派成员在思想上受到丹下健三的影响，如对日本传统建筑艺术的重新审视、综合性的城市规划方法和技术运用中的表现主义❸，因此丹下健三被认为是新陈代谢运动的思想来源。

同样为新陈代谢派所认同和效仿的设计师还包括曾担任丹下健三助理的矶崎新，尤其是他提出由树状核心筒的横向悬臂支撑一个个独立建筑空间的形式，对新陈代谢派而言可谓非常重要的启发❹。新陈代谢派认为城市和建筑是不断变化的有机生命，通过在建筑的主体框架上对单体房间进行安装和拆卸可让建筑如同生物成长般不断更新。新陈代谢派的设计方案中诸如由菊竹清训设计的世博塔（Expo Tower）、黑川纪章设计的中银胶囊塔（图3-4）等少数设计于20世纪70年代初付诸实施，但多数设计随着经济高速成长的完结无疾而终。即使作为

❶ 林中杰，韩晓晔. 丹下健三与新陈代谢运动：日本现代城市乌托邦[M]. 北京：中国建筑工业出版社，2011:27-34.

❷ 林中杰，韩晓晔. 丹下健三与新陈代谢运动：日本现代城市乌托邦[M]. 北京：中国建筑工业出版社，2011:8-9.

❸ 林中杰，韩晓晔. 丹下健三与新陈代谢运动：日本现代城市乌托邦[M]. 北京：中国建筑工业出版社，2011:59-64.

❹ 林中杰，韩晓晔. 丹下健三与新陈代谢运动：日本现代城市乌托邦[M]. 北京：中国建筑工业出版社，2011:74-76.

图3-1　丹下健三❶   图3-2　菊竹清训❷   图3-3　黑川纪章❸

图3-4　中银胶囊塔的外观❹   图3-5　中银胶囊塔的房间内部❺

新陈代谢运动代表作品的中银胶囊塔也没能在实际使用中实现黑川纪章以更换单体房间模块实现持续更新的构想，最终于2022年被拆除（图3-5）。然而新陈代谢派作为极少数并非由欧美设计师发起的设计运动，由日本建筑设计师主导，并由日本平面设计师和工业设计师参与，该运动在世界范围扩大了日本设计界的影响，并充分彰显了日本设计界的原创能力。

3.2　设计普及与设计评选

从20世纪50年代后期开始至60年代，随着设计重要性的不断上升，对社会大众普及设计的重要性以及让大众了解设计的优劣成为重要的课题。1959年东京日本桥丸善大楼内的日本工艺中心（CCJ）、银座松屋内的工艺区，1960年开设的日本设计屋（Japan Design House）和大阪设计屋等成为向大众普及设计知识的重要平台。借助这些平台，向大众展示具有良好设计感的工业产品和工艺品。其中，日本设计屋

❶ 来源：Arquitectura Viva

❷ 来源：epiteszforum

❸ 来源：ArchDaily

❹ 来源：excite blog

❺ 来源：朝日新聞デジタルマガジン

作为日本贸易振兴会的附属组织，以成立于1944年的英国工业设计委员会（Council of Industrial Design，现英国设计委员会，Design Council）作为模仿对象，展开了一系列活动。除了商品选定和展示以外，还发行设计年鉴和设计期刊，搜集海外的优秀设计，与国外公立设计组织进行展品的交换展览，向国外派遣研究员等，成为日本工业设计对外交流的窗口之一。1969年日本产业设计振兴会成立，初期主要进行设计人才培养、设计推广等领域的活动。同年，产业工艺试验所改称为产品科学研究所，继续进行与设计相关的材料科学、加工工艺、人因工学、设计评价等领域的研究并提供技术咨询❶。

随着日本设计产业的不断发展壮大，各领域的行业性设计组织相继成立。其中，1956年成立的日本工艺设计协会（JCDA）在相当长一段时间里是工艺美术领域唯一被法人化的全国性组织。成立于本时期的其他行业性设计组织，包括1957年成立的日本室内设计师协会（JID），1959年成立的关西意匠学会（现意匠学会）、生活用品振兴中心（GMC），1960年成立的优良设计委员会、日本包装设计协会（JPDA），1961年成立的综合设计师协会（DAS）、设计学生联合会、日本商业环境设计协会（JCD），1963年成立的日本人因工学会（JES）、日本图案家协会，1964年成立的日本珠宝设计师协会（JJDA），1965年成立的日本标志设计协会（SDA）、日本设计保护机关联合会（现日本设计保护协会），1966年成立的日本设计团体协议会（D-8），1969年成立的日本产业设计振兴会（JIDPO）等。

此外，从本时期起日本的地区性设计组织开始诞生，如中部设计协会（1950年）、千叶商业美术协会（1951年，2004年更名为千叶设计协会）、富山县设计协会（1962年）、岩手设计师协会（1964年）等。这些地区型设计组织通过网罗本地设计人才，加强本地企业设计意识，促进本地设计相关的产学研协作等方式，对于各地区的设计发展发挥了积极作用。这个时期诞生了地区性设计组织的千叶、名古屋、富山等地区往往兼具产业需求和设计教育传统，但其设计发展模式及成效为日本其他设计后发地区树立了典范，此后从20世纪80年代到21世纪10年代为止，日本各地开始借鉴成功的先例陆续成立各类地区性设计组织。

1957年，优良设计商品选定制度正式起步。在最初几年的选拔中，以餐具、容器为代表的轻工业用品以及小型家电占据了获奖产品的主流。1958年的首届商品选拔中涌现出了一批优秀的原创产品，例如东芝公司的RC-10K型电饭锅以其类似传统柴灶饭锅烧饭效果向大众形象地传达其优秀设计以及电气化时代烧饭这一概念。富士电机公司的Delta FDS-2557型电风扇展示了新颖的结构设计及其简约美观和便于生产等方

❶ 高橋儀作.通産省工業技術院製品科学研究所訪問記[J].纖維と工業,1970,3(9):589-591.

面的优点。索尼公司的TR-610则展示出材料和装饰相搭配，融入科技风格的精巧美感。本时期其他具有代表性的获奖作品包括1961年获奖的G型餐桌酱油瓶（白山陶器）、1963年获奖的44099-AMB玻璃烟灰缸（佐佐木硝子公司）、1964年获奖的G型文件夹（KING JIM公司）、1965年获奖的MC-1000C型吸尘器（松下电器公司）、1966年获奖的Nikon F型单反相机（尼康公司）、C-3150型藤椅（YMK公司）、蝴蝶椅（天童木工公司）等，这些获奖作品均成为名留日本设计史的伟大产品。

3.3　家具与家居用品设计的黄金时期

20世纪60年代，随着经济的持续繁荣，日本家具进入量产化时代[1]。本时期可谓日本家具设计发展的黄金期，天童木工公司、小菅家具公司、飞驒产业公司、Karimoku公司、Maruni公司、秋田木工公司、山川藤艺制作所等日本家具制造公司经过20世纪50年代的发展，逐渐开始完善各自的产品线，企业的对外宣传策略则通过参与各类家具展览、设置公司内部展厅、发行产品和图案宣传册等方式向外界展示其设计[2]。

本时期各大家具制造公司中，以天童木工公司的设计活动格外引人注目。该公司于数年内通过和设计师的合作推出了大量优秀产品并获得优良设计奖，它们因此成为天童木工公司在60年代的主力商品，此后发展为公司旗下的正式商品系列[3]。其中相当一部分家具成为留名于设计史的经典作品，例如在丹下健三主持的热海花园宾馆设计中担任室内设计的剑持勇（图3-6）于1961年专门为宾馆大厅所设计的S-7165型椅子（图3-7）。在以复合板材闻名的天童木工中，S-7165型椅子属于少有的例外，剑持勇选取杉木的根材予以组合叠加并进行切削加工以形成饱满敦实类似石椅的雕塑感，椅子表面保留了多样化的木纹作为装饰，内部挖出空腔并对看似沉重的椅子进行了轻量化处理。在相扑力士柏户升为力士最高等级横纲时，该款椅子被送给他作为纪念，故后世又将S-7165型椅子称为"柏户椅"。

此外，由丹下健三设计的T-7304KY型椅子（1957年，图3-8）、长大作（Daisaku Cho，1921—2014）设计的S5016型椅子（1960年，图3-9），剑持勇设计的S-3048型椅子（1961年，图3-10）、S-5007型椅子（1961年）、S-5009型椅子（1961年）、S-7008型椅子（1964年，图3-11）、S6026型桌子"座桌"（1967年），丰口克平设计的S-5027型椅子"轮辐椅"（1962年，图3-12），川上元美设计的T-3250型椅子。除了和外部设计师的合作款家具，乾三郎设计的S-3047型椅子Ply Chair（1960年）、菅泽光政所设计的S-5226型摇椅（1965年，图3-13）则是本时期由天童木工自行设计的经典产品。

[1] 樋口治.我がデザインの年輪[J].デザイン理論,1978,17:54-60.

[2] 新井竜治.戦後日本における主要木製家具メーカーの販売促進活動の概要と変遷－コスガと天童木工の家具販売促進活動の比較研究[J].デザイン学研究,2012,59(1):73-82.

[3] 新井竜治.株式会社天童木工の家具シリーズ·デザイナー·スタイルの変遷:戦後日本における木製家具及びベッド製造企業の家具意匠に関する歴史的研究(2)[J].デザイン学研究,2009,56(2):93-102.

图3-6 剑持勇❶

图3-7 天童木工S-7165型椅子❷

图3-8 天童木工T-7304KY型椅子❸

图3-9 天童木工S5016型椅子❹

图3-10 天童木工S-3048型椅子❺

图3-11 天童木工S-7008型椅子❻

图3-12 天童木工S-5027型椅子❼

图3-13 天童木工S-5226型摇椅❽

❶ 来源：NPO法人 建築思考プラットフォーム

❷ 来源：Australian Design Review

❸ 来源：Hommage Lifestyle

❹ 来源：Yahoo! ショッピング

❺ 来源：サライ.jp

❻ 来源：家具インテリアのタブルーム

❼ 来源：Yahoo! ショッピング

❽ 来源：光森家具

　　天童木工公司于本时期推出的设计师款椅子展现出鲜明的现代主义色彩，同时还能从部分产品中看到日本家具设计师们对欧美同行的学习与借鉴。例如丹下健三的T-7304KY型椅子的整体样式颇有丹麦家具设计师芬·居尔（Finn Juhl，1912—1985）设计于1940年的塘鹅椅（Pelican Chair）的影子；剑持勇的S-3048型椅子借鉴了丹麦建筑与家具设计师安恩·雅各布森（Arne Jacobsen，1902—1971）设计于1955年的系列7晚餐椅"蝴蝶椅"（Series7 Dining Chair "Butterfly"）；丰口克平的S-5027型椅子椅背的轮辐元素则让人想起英国的传统家具温莎椅（Windsor Chairs）。

作为天童木工长期以来的竞争对手，本时期由小菅家具公司推出的家具尽管主要针对家庭内部环境，但也有部分针对办公室环境的家具系列。该公司在战后初期依然延续了其自战前发展而来的藤制家具的设计与制造，与此同时逐渐将重心转向木制家具的制造。与积极使用复合板材的天童木工不同，小菅家具公司在木制家具的构造上更倾向于使用传统的实木材料。该公司在日本各家具制造公司中较早实现了对美国的出口，因此在家具设计中更加注重引入在美国市场广受好评的北欧风格，对于榉木、橡木、山毛榉等单色木材和素色暗色布艺材料的使用让公司的设计风格整体显得细腻、优雅而低调。公司还通过和美国的LA-Z-BOY公司、Brown Saltman公司，德国的Behr公司等欧美家具制造商的合作进行一些传统欧式风格或现代主义风格家具的生产。此外，小菅家具公司依托其设计资源于1968年成立了室内装饰学校，以培养家具、室内装饰等领域的设计人才。

秋田木工公司在本时期同样进入发展高峰期，由剑持勇设计的202型凳子成为该公司本时期的代表作（图3-14）。该款凳子纹样精美的藤编座面和曲木工艺制作的纤巧凳腿令人印象深刻，不仅舒适且便于移动，自1958年开始销售至今已长达60余年，是秋田木工公司有名的长寿产品。由室内设计师福田友美（Tomomi Fukuda，生卒时间不详）于1966年设计的503型椅子则是该公司发布于本时期的另一代表作（图3-15），福田友美有感于汉斯·瓦格纳（Hans J.Wegner，1914—2007）的Y型椅子而设计了这把同样取法于中国明代圈椅的半扶手椅。该设计充分发挥了曲木工艺的潜力，由山毛榉加工而来的弯曲实木构成了圈背扶手加后椅腿的一体化型材，又通过椅子下方的另一条曲木对椅座和后椅腿加以补强并连接前椅腿，其复杂而精巧的曲木结构可

❶ 来源：大塚家具

❷ 来源：ベリーファ
ニチャー

图3-14　秋田木工202型凳子❶　　　图3-15　秋田木工503型椅子❷

谓继汉斯·瓦格纳之后对中国圈椅的进一步发展。秋田木工503型椅子一经问世便广受设计界赞誉，不仅拿下了当年的第一届日本家具展通产大臣奖，还获得了同年的优良设计奖。

飞驒产业公司作为飞驒地区这一家具生产重镇的代表之一，本时期涌现出了一批优秀设计。例如其725型椅子"蒙布朗"在宽厚简洁的框架中饰以密布的条幅纵肋和厚实的软垫，兼顾了外形的优雅和使用时的舒适感，在1966年首届日本家具展上获得"总理大臣奖"并于两年后获得优良设计奖。与725型椅同样呈现出日式现代主义风格的713型椅"EIGER"则以其干练的设计和细腻的质感同获优良设计奖。在此之外，同时期的飞驒产业公司还发展了如穗高、乘鞍（均为本地山名）等系列家具套装，采用了典型的欧式古典主义风格。

山川藤艺制作所积极与世界各国的设计师展开合作，贡献了一批家具设计史中的经典名作，其中包括由渡边力于1956年设计的鸟居凳（图3-16），丹麦设计师南纳·迪策尔（Nanna Ditzel，1923—1995）与乔根·迪策尔（Jorgen Ditzel，1921—1961）夫妻于1957年设计的吊篮椅（Hanging Egg Chair），现代艺术家冈本太郎于1957年设计的骰子凳（Saikoro Stool），筐敏生（Toshio Yano，1925—2004）于20世纪60年代设计的CL-312型椅子"螃蟹椅（Kani Chair，图3-17）"，以及辻村久信（Hisanobu Tsujimura，1961—）设计的荞麦汤杯椅（Soba Choko Chair，图3-18）等。在公司的合作款作品中，由剑持勇于1960年为新日本宾馆所设计的藤圈椅C-3160更成为山川藤艺制作所的代表性产品（图3-19），并被纽约现代博物馆永久收藏。

本时期的日本家具制造商在继承了战后初期重视对欧美出口这一发展方式的同时，逐渐开始重视日本的国内市场——该现象或许与日本经济开始腾飞有关。总体来看，其设计风格主要分为传统欧式风格、

图3-16　山川藤艺鸟居凳❶

图3-17　山川藤艺CL-312型椅子❷

❶ 来源：rakuten.co.jp

❷ 来源：家具インテリアのタブルーム

图3-18　山川藤艺荞麦汤杯椅 ❶　　　　图3-19　山川藤艺C-3160型椅子 ❷

田园风格、现代主义风格、传统日式风格四大类型 ❸。作为家具营销策略的一环，除了由全国家具组合联合会创办于1955年的全国优良家具展外，创办于1966年的日本家具展（Japanese Furniture Show）以及各家具公司自行举办的家具展均成为日本家具设计对外宣传的重要舞台。其中，创办于1960年的天童木工展可谓一开先河，两年后作为其主要竞争对手的小菅家具公司也开始举办小菅家具展。同一时期由天童木工公司、小菅家具公司、秋田木工公司、三好木工公司于1968年开始合办"四巨头家具展（Big Four Furniture Show）"，次年天童木工公司、小菅家具公司、秋田木工公司则开始合办"札幌三社展"❹。

本时期最负盛名的家具设计师当属剑持勇，他不仅推动了日本式现代主义风格的发展，还因为发起成立日本工业设计师协会、推动优良设计活动以及通过国际交流引入西方设计理念等贡献，被广泛认为是战后日本工业设计的奠基人之一。1932年毕业于东京高等工艺学校木材工艺科的剑持勇与其许多同学一样进入位于仙台的工艺指导所担任技师，此后师从于在该所任职的德国建筑师布鲁诺·陶特，进行家具人因工学性能的研究。1950年，剑持勇与访日的日裔美国雕塑家野口勇（Isamu Noguchi，1904—1988）结识，并于同年合作设计了竹篮椅（Bamboo Basket Chair，图3-20），其设计灵感源于传统的日本和纸灯笼，使用了竹篾进行造型并以铁质框架支撑和连接，是将日本传统元素和现代主义风格进行结合的代表性作品。

1952年，剑持勇经由野口勇的介绍结识了美国家具和工业设计领域的领军人物查尔斯·伊姆斯（Charles Eames，1907—1978）和雷·伊姆斯（Ray Eames，1912—1988）夫妇并赴美拜访交流，还拜访了路德维希·密斯·凡德罗（Ludwig Mies Van der Rohe，1886—1969）、马赛尔·布劳耶（Marcel Breuer，1902—1981）等现代主义设计的宗师级人

❶ 来源：ヤマカワラタン

❷ 来源：インテリアのナンたるか

❸ 新井竜治.戦後日本の主要木製家具メーカーの家具材料の概要・変遷と意匠・機能との関係：家具用木材・塗装・椅子張りの概要・変遷と家具意匠・機能との関係[J].2013.

❹ 新井竜治.戦後日本における主要木製家具メーカーの新作家具展示会の変遷：全国優良家具展・東京国際家具見本市・天童木工展・コスガファニチャーショー・ビックフォーファニチャーショー・札幌三社展[J].デザイン学研究,2011,58(3):1-10.

物以汲取经验。1955年，回到日本的剑持勇设立了"剑持勇设计研究所"并于1955年设计了他的代表作——由秋田木工公司于1958年开始发售的202型凳子，该型凳子不仅样式优美且便于叠放，1958年由秋田木工公司开始发售，是最畅销的日本家具。此后的山川藤艺C–3150型、C–3160型椅子，天童木工S–5007型、S–5009型、S–7165型椅子皆为足以留名于日本家具设计史的名作。除了家具设计以外，剑持勇还负责过新日本宾馆、热海花园宾馆、国立京都国际会馆，乃至日本航空公司所购波音型747客机的室内装饰设计，但他更为人所知的设计是为乳酸菌饮料养乐多（Yakult）设计的包装瓶（图3–21），这款日本的国民级饮品自1968年改用该包装瓶后延续至今，足以证明其成功。

　　除了各式家具外，以餐具和厨具为主的家庭日用陶瓷、玻璃用品也得到了较快的发展。例如，长崎县波佐见烧是一个源自朝鲜白瓷、面向庶民阶层的瓷器流派，在其产地波佐见町有大量中小企业进行瓷器的生产❶，白山陶器公司即为其中的代表。该公司成立于1951年，以生产白瓷餐具为主。曾任职于白山陶器公司的陶瓷设计师森正洋（Masahiro Mori，1927—2005）于1958年设计的G型餐桌酱油瓶成为该公司产品中的不朽经典，它简洁优美的曲线轮廓在瓶颈处形成一个易于抓握的内凹结构，设有易于补充酱油和清洗内部的宽口以及不易滴落的喷嘴，此外瓶盖顶部的小孔便于用户食指调节空气进入量来调整酱油的流出速度（图3–22）。森正洋作为日本陶瓷设计师的代表人物之一，于本时期推出了大量经典产品，其发布于1962年的染格子系列餐具、1968年的旋梅系列餐具（图3–23）、1971年的白瓷千段系列餐具等，均通过优良的设计让相对平价的白瓷餐具显示出优雅的造型和高档的质感。

　　同时期的玻璃餐具和器皿业涌现出一些留名于后世的设计。GK设计集团的荣久庵宪司为日本著名食品与调料生产商龟甲万公司设计的餐桌酱油瓶，仅以其玻璃瓶包装便让该产品成为日本酱油的代名词。日本家庭以往习惯于从超市买来大瓶酱油，再注入另行购买的餐桌酱

❶　高津斌彰.地方中小企业の存立形態とその基盤：肥前陶磁器工业の场合[J].经济地理学年报,1970,15(2):1-27.

❷　来源：IDEAT

❸　来源：wikimedia commons（作者：Amin）

❹　来源：食器と料理道具の専門店「プロキッチン」

❺　来源：wikimedia commons（作者：森正洋デザイン研究所）

图3-20　竹篮椅❷

图3-21　乳酸菌饮料养乐多❸

图3-22　白山陶器G型餐桌酱油瓶❹

图3-23　白山陶器旋梅系列餐具❺

油瓶中，而龟甲万公司推出的这款新型酱油以装在150毫升玻璃瓶中的形式直接出售，可置于餐桌直接使用 ❶。该酱油所使用玻璃包装瓶的宽底窄颈造型灵感来自日本传统的小型清酒酒具"德利"，不仅具有良好的稳定性并便于握持，瓶口呈向下60°角以确保使用后酱油不会滴落（图3-24）。该产品于1961年问世后迅速风靡市场，此后可以在超市买到的餐桌酱油这一概念逐渐普及，该产品的玻璃瓶包装成为这一概念最好的代名词。

相较于陶瓷，玻璃这一素材在日本诞生的历史并不长远，在江户时代以"硝子"之名出现，江户末期还出现了以江户切子、萨摩切子为代表的"切子"概念——即用硬物在生产过程中对玻璃表面通过切割形成装饰纹样的工艺。尽管明治时期以来，玻璃这一材料在推崇西洋文化的日本开始普及，但日用餐具器皿中陶瓷依然是最常见的材料。20世纪50年代以来，日本的企业积极向海外学习，佐佐木硝子公司、保谷硝子公司（现HOYA公司，以下均使用现名称）、各务水晶玻璃公司等企业纷纷开始聘用专业的设计师，此后推出了一系列兼具优良工艺和设计美感的玻璃器皿。佐佐木硝子公司发布于1963年的44099-AMB型烟灰缸（图3-25）、HOYA公司发布于1964年的"霰"型餐具等产品均获得优良设计奖。

图3-24 龟甲万餐桌用酱油 ❷

图3-25 佐佐木硝子公司44099-AMB型烟灰缸 ❸

❶ 岩崎信治.日本にモダンデザインはあったか(<特集>デザインにおける時代性)[J].デザイン学研究特集号,1994,2(3):38-43.

❷ 来源：ココデカウ

❸ 来源：サマリー

❹ TOTO株式会社.TOTO百年史[DB/OL].2017[2022-06-18]. https://jp.toto.com/history/100yearshistory/digitalbook.

以陶瓷作为材料的家居用品的重要一员是卫浴用品，本时期的卫浴用品设计也逐渐形成日本独有的特色。具有代表性的公司包括从战前已经在陶瓷制品领域执牛耳的TOTO公司，以及战后开始制造卫浴用品的伊奈制陶公司（后更名为INAX公司，现为LIXIL公司旗下的INAX品牌）。成立于1914年的TOTO公司是制造了日本最早的冲水坐便器的老牌卫浴制造商，战后获得了为驻日美军住房配备卫浴用品的大量订单，从而得以快速重建和发展 ❹。伊奈制陶公司也较早进入了卫浴领域。美国建筑师弗兰克·赖特为日本建造第二代帝国旅馆时，于1918

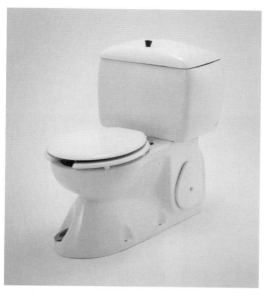

图3-26　Sanitarina 61型坐便器 ❶

图3-27　Wash Air Seat型坐便器 ❷

年委任伊奈初之丞、伊奈长三郎父子为旅馆墙面所用瓷砖、陶土之工厂的技术顾问，帝国旅馆建成后伊奈父子接管该工厂并以此为基础于1924年建立伊奈制陶公司。公司最初以生产瓷砖、陶管等为主，1945年进入卫浴领域 ❸。

　　日本的厕具曾经以和式蹲便器为主流，随着1959年日本住宅公团全面决定采用西洋式的冲水坐便器，开始在面向工薪阶层的集体住宅中大量配备TOTO公司等卫浴用品制造商生产的冲水坐便器，并最终推动了这一产品于20世纪70年代在日本国内的普及。早在1964年，伊奈制陶公司和TOTO公司就分别从美国和瑞士引入具有温水冲洗功能的坐便器，尽管这一产品在欧美最初被用于医疗，但日本制造商将其作为家庭的日常用品推向市场。1967年，伊奈制陶公司即已开发出日本国内第一款具有温水冲洗和干燥功能的Sanitarina 61型坐便器（图3-26）。TOTO公司也于1969年基于美国商品的国产化改造，开发出不仅具有温水冲洗和干燥功能，同时兼具坐便圈加温功能的Wash Air Seat型坐便器（图3-27），该坐便器即该公司日后著名产品系列卫洗丽（Washlet®）的前身。

3.4　从模仿向创新过渡的个人与家用电器设计

　　经过了战后初期从模仿而蹒跚起步的阶段，日本的个人与家用电器逐步出现了一批基于原创的优秀设计。如松下电器公司于1965年发布的MC-1000C型吸尘器（图3-28）、索尼公司于1965年发布CV-2000

❶ 来源：ilovespalet.com

❷ 来源：ITmedia

❸ LIXIL株式会社. INAX ストーリー[DB/OL].2019[2022-06-18].https://www.inax.com/jp/about-inax/the-story-of-inax.

型录像放映机（图3-29）等均为本时期的代表作品。此时的日本家电开始初步摆脱了对欧美同类产品的简单模仿，对于结构、造型、色彩等元素的使用开始出现基于自身技术水平、目标用户喜好、企业发展理念等的独立设计。

图3-28　松下MC-1000C型吸尘器 ❶

图3-29　索尼CV-2000型录像放映机 ❷

日本电视机诞生之初的10年间针对美国的海利克拉夫特斯（Hallicrafters）、喜万年（Sylvania）、通用电气（General Electric）、摩托罗拉（Motorola）、艾德蒙(Admiral)等品牌进行模仿并开始了大规模国产化，至1965年为止其普及率已高达95%，成为日本人家庭中不可或缺的日常用品之一。此后，日本电视机设计尽管依然未能摆脱对美国同行的模仿，但其设计更加重视贴近国人的审美意识和生活方式。例如松下电器公司、三洋电机公司等企业一度生产了带有合页门可隐藏显示屏的落地式电视，但随着电视播放时间的延长以及电视在日常生活中的普及，合页门逐渐变得累赘，此后逐渐消失。又如日本电视机诞生之初，桌面式和落地式电视机一度最为常见，但装有可拆卸型长腿的小型落地式因其更能适应兼有和室、洋室的日本房屋而逐渐成为主流设计 ❸。

20世纪60年代日本电视机设计的另一个特征是开始出现了家具风格的电视机。这一特征并非日本的原创，而是追随了20世纪50年代以来美国将北欧家具风格融入电视机设计的风潮。松下电器公司发布于1965年的TC-96G型电视机"嵯峨"即为一例（图3-30），该型电视机在落地式电视机下方加上四条短腿而类似于时兴的小型落地式，整体轮廓呈现出矮柜的造型，胡桃木的细腻纹理配以凹凸转折的各种细节结构，仿佛高档家具般自然而优雅地融入日本的家庭氛围，成为当年松下电器公司的热门产品。相较于扩音器置于屏幕两侧的美国同类产品而言，"嵯

❶ 来源：オークファン

❷ 来源：Historic Tech

❸ 増成和敏,石村眞一.日本におけるテレビジョン受像機のデザイン変遷(1):草創期から普及期まで[J].生活学論叢,2008,13:110-123.

峨"将扬声器置于屏幕下方，故整体显得较窄。值得一提的是，这种家具风格不仅出现于电视机设计中，松下电器公司于1963发布的SE-200型立体声"飞鸟"以山毛榉材质构成的柜体形态已经引入了这一理念。

此外，1966年三洋电机公司（现并入松下公司）发布"日本"，次年松下电器公司发布"武藏"，东京芝浦电气公司发布"王座"，八欧电机公司（现富士通公司）发布"金阁"与"金刚"，NEC公司发布"太阳"。从这些家具风格电视机的名称即可看出设计者引入传统元素的考虑。前述产品的设计多数遵循了"嵯峨"纵向排列的基本形式，这可能是出于较美国家庭而言，日本家庭居住面积更为狭小的缘故。此外，尽管引领家具风格潮流的松下电器公司在本时期将该风格的电视机作为主力产品，但从未将自身的设计思维局限于此，而是陆续发布了一系列令人惊奇的产品。以今天的眼光来审视，这些产品的设计依然卓尔不凡。例如发布于1967年的TR-205型便携式电视机"星流（Starstream）"（图3-31），发布于1970年作为首款袖珍电视机的TR-001型电视机（图3-32），以及造型近似球形的TR-005型电视机"轨道（Orbitel）"（图3-33），均充满着科幻色彩，展现了设计师卓越的想象力。

图3-30　松下TC-96G型电视机❶

图3-31　松下TR-205型电视机❷

图3-32　松下TR-001型电视机❸

图3-33　松下TR-005型电视机❹

❶ 来源：ITmedia NEWS
❷ 来源：Squarelight
❸ 来源：MZTV Museum of Television & Archive
❹ 来源：Coroflot

索尼公司作为以工业设计闻名的电子消费品制造商，其设立企业内部设计部门的步伐却相对较为滞后，直至1961年才设立了企业内部的设计室。作为从音像类电子产品出发成长起来的电器企业，索尼公司在20世纪60年代的收音机、电视机、录音机以及录像机领域推出了一系列极具该公司特色的产品，并在相当程度上代表了日本个人及家用电器设计在国际上的形象。1958年推出的晶体管收音机TR-610型继承了TR-55型、TR-63型的设计风格，正面以方圆形组合、高彩度搭配为特征的造型让人印象深刻（图3-34）。索尼公司于1965年推出的TFM-110型已经一变而为银黑搭配、充满科技感的设计风格（图3-35），1967年发布的ICR-100型则进一步加强了产品精巧、便携、高科技的形象。

图3-34　索尼TR-610型收音机 ❶　　　　图3-35　索尼TFM-110型收音机 ❷

与热衷于家具风格的其他日本企业不同，本时期的索尼公司对于电视机的设计强调科技感和便携性，例如发布于1960年的TV8-301型便携式电视机，此为索尼设计的代表作（图3-36）。TV8-301型电视机不仅是世界上最早的直视型便携式晶体管电视机，也是第一台在美国销售的日本电视机，反映了当时最先进的技术：使用晶体管代替真空管使电视机外形小巧故便于携带，机内显像管为水平安装故可以从各个角度观看，设计师去除了外部的一切多余装饰以尽可能减小物体的尺寸，黑色塑料手柄位于顶部中央以便在携带电视时保持平衡，用于接收的可伸缩天线位于左后方，选台和调节音量所用旋钮位于右上角，三个方形白色控制按钮位于显像管下方。尽管外部几乎看不到装饰元素，但尖端技术的采用和精巧结构的规划使整个机体显示出高度的合理性和先进性，这一设计风格在发布于1962年的TV5-303型（图3-37）、1964年的TV4-203型（图3-38）便携电视机所继承，并进一步在日后众多索尼产品中体现出来。此外，在家具风格电视机盛行一时的60年代，索尼公司并未如多数家用电器企业一样采取简单的追随策略，例如发布于1968年的KV-1310型电视机（图3-39），作为世界上第一台特丽珑彩电，不仅拥有出色的显像能力，在采用木纹外壳的同时，其机体正面的设计对于

图3-36　索尼 TV8-301 型便携式电视 ❶

图3-37　索尼 TV5-303 型电视机 ❷

图3-38　索尼 TV4-203 型电视机 ❸

图3-39　索尼 SONY KV-1310 型电视机 ❹

屏幕、扬声器、操作界面进行了基于几何分割和银黑双色搭配的规划，比起其他使用类似材质外壳的产品显得更加现代化。

　　在索尼公司设计风格的形成历程中盛田昭夫发挥了重要作用，他并不相信根据市场调研开发新产品的思路，类似的观点也为亨利·福特、史蒂夫·乔布斯等著名企业家所提及。盛田昭夫认为索尼擅长制造消费电子产品并将其介绍给公众，尽管美国的营销专家并不认为小型便携式电视机能获得理想的销量，但其毅然决定让索尼公司于1960年推出了以TV8-301型为代表的便携式电视机业务。两年后，索尼TV5-303型电视机成为美国消费市场的热门产品，这一型号的成功证明了他的战略眼光和商业嗅觉。索尼公司是最早开始探索技术先进化、结构集约化、造型高科技化的日本电器制造商之一，发布于1964年的ICC-500型电子计算器（图3-40）、发布于1966年的TC-100型盒式录音机（图3-41）、发布于1968年并整合了收音机功能的8FC-59型电子钟（图3-42），以及发布于1971年的VP-1100型录像播放机（图3-43）

❶ 来源：finanznach-richten.de

❷ 来源：Flickr

❸ 来源：Joystyle

❹ 来源：TurboSquid

图3-40　索尼ICC-500型电子计算器 ❶

图3-41　索尼TC-100型盒式录音机 ❷

图3-42　索尼8FC-59型电子钟 ❸

图3-43　索尼VP-1100型录像播放机 ❹

均为这一理念下的代表作。

　　发布于1972年的索尼TPS-L2型便携式播放器"Walkman"更是划时代的作品，这是世界上首款便携式立体声磁带播放器，在接下来的20年里Walkman一词家喻户晓，以它命名的一系列便携式播放器成为各类音乐听众的必备配件，并改变了世人欣赏音乐的方式。TPS-L2型便携式播放器的蓝银双色外壳充满爽朗的简洁美感，对比强烈的橙色耳机非常醒目（图3-44）。然而，其设计方面最令人惊异之处并不在于其外观，而是通过设计思维为产品做减法，为确保便携性而删去了所有非必要结构。TPS-L2型便携式播放器既没有录音电路也没有扬声器，而仅以耳机作为预设的音乐播放方式。TPS-L2型便携式播放器最初销售缓慢，但随着熟练的营销其在全球市场的需求迅速飙升，并最终创造了一种享受音乐的新方式。以Walkman为代表的全新的市场逐渐形成，以至于在几年之内每个主要的日本电子产品制造商都开始提供类似的产品。通过20世纪60~70年代推出的一系列兼具尖端技术和原创风格的消费电子产品，索尼公司逐渐确立了其在日本工业设计乃至日本制造业中的地位。

　　面向个人的日本电器产品中，照相机是一个典型的从模仿向创新

图3-44　索尼TPS-L2型便携式播放器Walkman❶

过渡，通过弯道超车并最终确立其在行业内统治地位的产品类型。德国照相机制造业因其军事价值在战争中和战后初期遭到了严重破坏，依托于深厚的技术底蕴和人才资源，以徕卡（Leica）、蔡司伊康（Zeiss Ikon）、福伦达（Voigtländer）为代表的德国照相机公司迅速复兴，20世纪50年代中后期，以徕卡M3为代表的德国产品牢牢占据着35mm旁轴照相机的技术高地。面对明显技术差距的日本制造商们一方面对德国同行的技术和设计进行模仿，另一方面大力投入35mm单反照相机的改进研发，以求在技术上实现弯道超车。20世纪50年代后期到60年代，日本照相机工业在单反照相机技术逐渐成熟的同时造型设计也渐入佳境，通过减少对德国照相机的模仿逐渐摆脱低价劣质的形象，最终实现了对德国同行的反超。

　　1959年诞生了两款足以载入史册的照相机，尼康公司的Nikon F型照相机（图3-45）与奥林巴斯公司的PEN型照相机（图3-46），分别开启了F系列和PEN系列这两个日本照相机界的常青树系列。Nikon F型照相机由曾为尼康公司设计LOGO的平面设计师龟仓雄策操刀，龟仓雄策以强调其全新设计与既有产品的区别为基本方针，以直线构成照相机的基本形态，并以照相机的棱镜结构为灵感将其上方结构设计为三角形。Nikon F型照相机推出后尤其在美国市场大获好评，一举成为尼康照相机发展史上的著名机型并不断衍生出同系列的后续产品，这是龟仓雄策个人设计生涯中唯一的一款工业产品，其独特的造型深刻影响了日本此后相当一部分照相机的设计。

　　本时期另一款代表性作品——奥林巴斯公司的PEN型照相机则由奥林巴斯的传奇设计师米谷美久（Maitani Yoshihisa，1933—2009）主持设计。米谷美久毕业于早稻田大学第一理工学部机械工学科，作为

❶ 来源：iXBT

图3-45　尼康F型照相机 ❶

图3-46　奥林巴斯PEN型照相机 ❷

❶ 来源：The Phoblog-
rapher

❷ 来源：kosmofoto.com

❸ 米谷美久.「オリ
ンパス・ペン」の挑戦
[M].東京：朝日ソノラ
マ,2002.

❹ キヤノン株式会
社.キヤノンカメラ
ミュージアム 歴史
館 – 1955—1969[DB/
OL].[2022–02–11].
https://global.canon.
ja/c–museum/history/
story04.html.

❺ 日本デザイン振
興会.GOOD DESIGN
COMPANIES ～グッ
ドデザインを生み出し
てきた企業の物語～第
1回 キヤノン株式会社
[DB/OL].[2022–02–10].
https://www.g–mark.
org/promotions/gdc/
gdc01.html.

❻ キヤノン株式会
社.キヤノンカメラ
ミュージアム 歴史
館 – 1955—1969[DB/
OL].[2022–02–11].
https://global.canon.
ja/c–museum/history/
story04.html.

摄影爱好者在校期间已获得多项有关照相机结构设计的专利，1956年加入奥林巴斯，三年后即将他主导的产品推向市场，定位为专业摄像师的副机，并以"如做笔记本般轻松拍照"的概念将该款照相机命名为"PEN"，其结构精巧且造型简约，以同类产品三分之一的价格实现了优良的品质和不俗的设计，PEN型照相机获得巨大的市场成功后被奥林巴斯加以系列化❸。此后，米谷美久又于1972年推出了OM–1型照相机，其造型或许在一定程度上借鉴了Nikon F型照相机的经典设计，但作为当时全世界最小最轻的单反照相机成为卖点，日后OM系列照相机逐步发展为奥林巴斯的重要产品线。

历来将自身定位于高端市场的佳能公司则于1960年首次面向大众市场推出Canonet型照相机，以其厚重手感带来的高级感和通过按钮移至照相机下方带来的简约感风靡一时❹。1962年，佳能首次设置公司内部的专业设计部门"工业设计科"❺，并于次年推出了轻量化小型照相机"Canon Demi"，多种颜色版本的发售策略一改照相机非黑即银的传统形象令人耳目一新，让"Demi"成了当年的畅销机型❻。

3.5　初步发展的交通工具设计

日本于1958年成功申办1964年奥林匹克运动会，以此为契机加快了基础设施建设，这一时期包括首都高速公路、名神高速公路、东海道新干线等基础设施都得以顺利建成。国家经济的增长、国民收入的增加以及交通基础设施的建成为交通工具设计的发展奠定了充足的基础。本时期日本的铁道交通中开始出现所谓特急列车的概念，其中由日本国有铁道公司于1958年设计制造的国铁151系电车较有代表性（图3-47）。

小田急电铁公司于1957年投入使用的小田急3000型电车在某种意义上可谓日本新干线系列电车的前身（图3-48）。该电车为小田急电铁公司和日本国有铁道公司共同开发，故设计工作由任职于日本国有铁道公司铁道技术研究所，曾担任过海军技术士官的三木忠直（Tadanao Miki，1909—2005）担纲。三木忠直虽然毕业于东京帝国大学（现东京大学）工学部船舶工学科，但他在战争期间负责飞机的机体设计，这一经验在战后被他应用于电车设计中——在该车型的开发过程中使用了东京大学航空研究所的风洞，这也是日本列车设计史上首次进行正式的风洞试验。小田急3000型电车的成功运行不仅促使日本国有铁道公司加快新车型的研发，日本国有铁道公司也曾借用该车型进行试验，用以收集数据进行新干线的开发论证。

图3-47 国铁151系电车❶

图3-48 小田急3000型电车❷

东海道新干线作为世界上首条高速铁路在世界交通史上具有里程碑意义，而行驶于其上的新干线0系电车可谓一个时代的记忆（图3-49）。该电车由日本国有铁道公司负责设计并交由日本车辆制造公司、川崎重工业公司、近畿车辆公司、日立制作所等企业制造，设计工作由积累有小田急3000型电车开发经验的三木忠直等人负责。新干线0系电车的车头颇为接近载客飞机的形象，车身涂装则以蓝白二色为主，全身显示出基于流体力学设计的速度感，而车头下部呈外倾铲状的蓝色涂装裙边结构则用于满足电车在寒冷地带运行时的除雪需求❸。

作为在战前已拥有战机制造能力的国家，日本在战后受到驻日美军司令部航空禁令的影响，所有飞机均遭到破坏而飞机制造商则被解体，大学内的航空相关科目遭到移除。随着1952年航空禁令的部分取消以及同一时间段内日本航空公司的纷纷成立，产业界希望依托战前的经验发展日本国产客机。在此背景下由通商产业省牵头，由三菱重工业公司、川崎重工业公司、富士重工业公司、新明和工业公司、日本飞机公司、昭和飞机工业公司六大飞机制造商及一系列零组件供应商企业组成的输送机设计研究协会开始新型国产客机的设计工作。该协会于1959年解散并成立公私合营的日本飞机制造公司继续设计与制造工作，此后该型飞机被日本飞机制造公司命名为YS-11型客机并于1962年首飞（图3-50），1965年9月该型飞机获得美国联邦航空管理局（FAA）认证。

❶ 来源：kamae.jp

❷ 来源：wikimedia commons（作者：Lover of Romance）

❸ 米满知足.東海道新幹線電車のアウトラインとデザイン [J].デザイン理論,1964,3:22-37.

　　YS-11型客机是60座左右的双发中型飞机，采用英国罗尔斯—罗伊斯公司（Rolls-Royce）的Dart10涡轮螺旋桨引擎。因为制造商及开发人员多有战斗机制造背景，故YS-11有很强的军用飞机风格，一方面拥有良好的机体强度和耐久性，另一方面存在舒适度、操控性和易维护性不佳的问题。YS-11型客机不仅在日本国内被使用，还实现了对北美和东南亚等市场的出口。然而，作为制造商的日本航空机制造公司因经营不善等问题而长期无法摆脱赤字的困扰，在生产了182架YS-11型客机后便停止了飞机制造工作，于1982年解散。YS-11型客机后续维护工作转由三菱重工业负责，但是客机设计、制造及销售体系并没能得到继承，使YS-11型客机成为日本战后民航制造的绝响。如新干线0系电车一样，YS-11型客机是日本经济高速发展期交通工具设计的重要象征。

图3-49　新干线0系电车❶

图3-50　YS-11型客机❷

　　在汽车设计领域，日产汽车公司于1957年在两年前产品达特森110型轿车的基础上对引擎、外形加以改进，推出达特森210型轿车。翌年，日产汽车公司携达特森210型和达特森220型两款车型参加洛杉矶车展，开启了该公司的美国出口之路。达特森系列轿车对美国出口之初一度同丰田皇冠一样被揶揄为铁皮玩具，但随着时间的推移逐渐为市场接受。达特森系列轿车因1958年澳洲汽车拉力赛上的良好表现而进一步赢得声望，并于1960年成为日本汽车产业界首个获得戴明奖的企业。也是从本时期开始，日产旗下的达特森系列轿车开始以其可靠性为市场所称道，而相对深厚的技术底蕴也为日产汽车公司赢得了"技术日产"这一称号。

　　1959年，作为达特森210型车的后继车型，由佐藤章藏设计的达特森"蓝鸟（Blue Bird）"310型轿车发布（图3-51）。维持了良好操控性和中庸设计的蓝鸟310型不仅在国内市场获得成功，在美国市场也实现了主要性能与其竞争对手德国大众公司甲壳虫轿车的分庭抗礼。随着蓝鸟系列的成功及此后第二、三代蓝鸟向紧凑型轿车的过渡，为了填补紧凑型轿车的市场空白以便和丰田汽车公司展开竞争，日产汽车公司于1966年推出了采用1.0L自然吸气引擎、前置后驱系统的初代

❶ 来源：wikimedia commons（作者：Suisetz）

❷ 来源：Airport Spotting

图3-51　达特森蓝鸟310型轿车 ❶

图3-52　初代达特森阳光 ❷

达特森阳光（Sunny）。尽管丰田运用巧妙的营销策略对阳光取得相对优势，但该车型依然获得了市场好评并逐渐成为此后日产汽车公司在小型车市场的主力产品（图3-52）。

1955年，日本通商产业省汽车科发布《国民车育成要纲案》，推进所谓的国民车型以壮大国内的汽车产业。针对该方案中对于性能和价格近乎苛刻的要求，只有三菱重工公司和丰田汽车公司决定投入研发。三菱以此为契机在战后首次投入汽车开发，并于1960年发布了名为三菱500型轿车，这是一款发动机排量不满0.5L，最高时速不足100km/h的小排量轻型轿车（图3-53）。三菱500型轿车尽管造型朴素，但汽车前脸颇有识别性，其舒适度和行驶性能也获得了较好的评价。然而，对于当时期待着拥有私家车并过上富足生活的民众而言，整车的简朴气质缺乏梦想般的吸引力，因此市场反应冷淡。翌年，三菱推出了换装更大排量的发动机并改进内饰的改进版，但依然未能收获成功。与之类似的是，丰田汽车公司针对国民车构想设计的车型于1961年发布，该型车被命名为Publica（图3-54），由毕业于东京帝国大学工学部航空学科、曾担任飞机工程师的长谷川龙雄（Tatsuo Hasegawa，1916—2008）负责总体设计，然而这一价格仅略高于当时日本人均年收入的车型销量同样不理想。

究其原因，随着20世纪60年代以来日本经济的高速增长，日本民众对于家用轿车的需求日益扩大，期望低价而更加期待合乎富足生活梦想的车型。在此背景下，三菱推出三菱Colt600型、三菱Colt800型等后续车型，而丰田则将相较于Publica更具有高级感的家用车型的开发提上日程。新车型的设计依然由Publica的设计师长谷川龙雄担纲。面对提前上市且反响良好的达特森阳光，长谷川吸取Publica一役的教训，在敏锐意识到民众对于适度奢华感的需求的基础上，在设计新车型时不仅采用了相较于达特森阳光1.0L发动机排量略大的1.1L发动机，并配备了麦弗逊式独立悬挂和运动型地板式换挡杆。该车于1966年发布并被命名为卡罗拉（Coralla，又名花冠，图3-55），尽管比略早上市的达特森阳光更加昂贵，但是因为准确把握了一般民众的心理需求，一

❶ 来源：NISSAN HERITAGE COLLECTION online

❷ 来源：NISSAN HERITAGE COLLECTION online

图 3-53　三菱 500 型轿车 ❶

图 3-54　初代丰田 Publica ❷

图 3-55　初代丰田卡罗拉 ❸

图 3-56　第三代达特森蓝鸟 ❹

经问世就大获成功，逐渐成为家用轿车市场的经典之作，并成为丰田在紧凑型轿车市场最具代表性的全球车型。

针对卡罗拉的巨大成功，日产汽车公司于1967年推出第三代达特森蓝鸟（图3-56），不仅强化了动力系统，还首次采用了前轮麦弗逊式独立悬挂及后轮半拖曳臂式独立悬挂以突出运动属性。除了延续第二代蓝鸟的双前照灯设计之外，第三代达特森蓝鸟犀利的线条、宽大的车体、颇具科技感的操控台、颇似美国汽车的硬朗造型不仅赢得了日本消费者的青睐，在欧美市场也获得赞誉，可谓首次在美国市场成为热销产品的日本车，甚至有"穷人的宝马"之称。此后，丰田汽车公司的卡罗拉系列和日产汽车公司蓝鸟系列之间的激烈竞争贯穿了20世纪60~70年代的日本汽车产业界。

随着1963年第一届日本汽车大奖赛的举办，日本国内对于竞速赛、拉力赛等汽车运动的热情日渐高涨，为了回应国内对于高性能车辆的需求，一向有"技术日产"之美誉的日产汽车公司在高性能轿车领域也加大了投入。由饭冢英博（Hidehiro Izuka，生卒不详）设计并于1961年发布的第二代达特森淑女（Fairlady）1500型在首届日本大奖赛（Grand Prix）B2级比赛中获得优胜。其优越的运动性能加之流畅而充满速度感的锐利车身（图3-57），充满视觉刺激的独特内饰（后方为一个面左的单

❶ 来源：みんカラ

❷ 来源：GAZOO

❸ 来源：クリッカー

❹ 来源：グーネット

人座位）使之获得市场关注（图3-58），成为量产型运动轿车的代名词。

　　日产汽车公司于本时期发布的另一个车型同样引人注目，是由该公司设计师木村一男（Kazuo Kimura，1934—）根据BMW507型跑车的设计师、德国人阿尔布雷希特·格拉夫·冯·戈尔茨（Albrecht Graf von Goertz，1914—2006）的建议，设计了日本第一款国产豪华轿跑——达特森Silvia（图3-59）。该车香槟金的主题色，半手工制作而成的钻石切割般锐利的造型，以及豪华的皮革内饰，使其成为艺术品般的存在。尽管高昂的定价使其注定只是小众产品，但达特森淑女和Silvia等车型无疑为日产汽车公司树立了汽车市场领先者的形象。

　　相较于日产汽车公司在高性能汽车领域不断推陈出新，丰田汽车公司为了提升公司的品牌形象于1965年试制成功丰田2000GT型跑车并于1967年推向市场，该型车被称为"第一辆国产的超级跑车"（图3-60）。车身造型由野崎喻（Satoru Nozaki，1929—2009）设计，可谓本时代丰田汽车设计的扛鼎之作。该车型不仅展现出夸张的流线型设计风格，而且首次采用了当时颇为新潮的上翻式前照灯❶，具有令人印象深刻的整体造型。当年秋天在第12届东京汽车展上推出并获得广泛关注，并创造了多项世界纪录，为丰田汽车公司增强其品牌影响力做出了重要贡献。

❶ 1962年路特斯Elan型跑车率先使用上翻式前照灯。

❷ 来源：ビークルズ

❸ 来源：sendaiisme.exblog.jp

❹ 来源：イキクル

❺ 来源：みんカラ

图3-57　第二代达特森淑女1500型外观❷

图3-58　第二代达特森淑女1500型内饰❸

图3-59　达特森Silvia❹

图3-60　丰田2000GT❺

1966年被称为日本的"My Car"元年，不仅汽车产量继美国、德国之后位居第三，各汽车公司的生产体制和销售网络也得到了快速成长。汽车在日本社会的渗透使各类用户对于汽车产生了多样化的需求，这也促使各大企业开发更多的车型。丰田汽车公司不仅开始在卡罗拉和科罗娜等畅销车型的基础上引入豪华且轻快的设计并推出了一系列新车型，对皇冠、科罗娜和Publica进行了换代改款，并且于1967年11月推出了旗下最高级的大型轿车世纪（Century），该车型的设计突出豪华感、厚重感，希望以此对标国外的顶级豪华轿车。

此外，丰田汽车公司于1970年在第17届东京汽车展上推出了Celica（图3-61）和Carina（图3-62）两种小型家用轿车。这两种车型尽管造型迥异，但实际上它们不仅通用引擎、变速箱和底盘这三大件且共用生产线，是为丰田汽车公司以不同风格的设计来满足不同用户需求的重要尝试。此外，在发售Celica的过程中高度个性化的定制系统被采用以满足用户更加细化的要求，不仅允许用户自行选择所购车型的内饰和车身涂装，引擎和变速箱等也在可选范围之内，丰田汽车公司为此开发了相应的定制化生产系统，此后公司开始了个性化定制设计。

本时期的汽车业界由日产汽车公司和丰田汽车公司两强占据了主要的市场份额，达特森汽车胜在技术和品质，丰田汽车则长于营销与设计。一些规模相对较小的汽车制造商也在探索各自的发展道路并留下了经典的设计，其中以富士重工业公司（现斯巴鲁公司，以下均使用现名称）和东洋工业公司（现马自达公司，以下均使用现名称）最具有代表性。

斯巴鲁公司的前身为创设于1917年的民营飞机研究所，后发展为中岛飞机公司并于战后被拆分，1953年改建为富士重工业公司。因为该公司具有较为深厚的工业制造技术积累，1954年开始即已试制汽车。1958年推出的斯巴鲁360拥有良好的性能（图3-63），已近乎满足1955

❶ 来源：Auto55.be
❷ 来源：carsot.com

图3-61　丰田初代Celica❶

图3-62　丰田初代Carina❷

图3-63　斯巴鲁360❶

图3-64　斯巴鲁1000❷

年《国民车育成要纲案》中所制定的严苛技术标准。斯巴鲁360由出身于东京帝国大学工学部航空学科、曾作为海军技术士官负责开发飞机引擎的百濑晋六（Shinroku Momose，1919—1997）负责其设计工作。该车不仅价格低廉且实用性强，独特的外观使其具有良好的辨识度，相较于设计范本的大众甲壳虫，斯巴鲁360被日本民众冠以"瓢虫"的爱称，在20世纪60年代的轻型汽车市场大受欢迎，是战后日本汽车普及历程中极具代表性的车型。1966年推出的斯巴鲁1000则是该公司另一个里程碑式车型（图3-64），该型车采用了与当时日本其他常用构架大相径庭的水平对置发动机构造，将发动机活塞平均分布在曲轴两侧并在水平方向上左右运动，降低发动机的整体高度并缩短其长度，因此整车重心较低且行驶更加平稳，此外还具有引擎振动较小及有利于提升车内空间等优势。这一布局获得了相当一部分汽车爱好者们的喜爱，并被斯巴鲁汽车公司的一系列后续产品所继承。

马自达公司则从20世纪20~30年代试制摩托车、机动三轮运输车开始积累研发与生产经验，尽管于1940年完成了该公司首辆汽车的试制，但这一进程随即被战争打断。战后的马自达公司由机动三轮运输车的开始恢复其生产，于1950年推出了CA型小型卡车并由此正式进入汽车生产领域。马自达在战后之初推出的汽车均和小杉二郎具有颇深的渊源，马自达公司至20世纪50年代末为止并无设置设计部门，因此长期委托小杉二郎进行车辆的设计工作。其中，马自达K360是一款三轮结构的微型货车，该车型采用上白下粉的双色车身涂装，前照灯罩和前保险杠的形状借鉴了轮船的造型元素，车头部分带有弧度的流线型设计不仅能减小行驶中的空气阻力，还能使车身在采用较薄钢板制造的情况下就拥有足够的碰撞强度。作为汽车领域的后来者，马自达公司决定从当时需求最旺盛的廉价微型车出发，逐步拓展其高级车业务。尽管公司于1959年正式组建了独立的车辆设计部门，但起初因

❶ 来源：SUBARU オンラインミュージアム

❷ 来源：SUBARU オンラインミュージアム

缺乏设计经验而不得不临时聘请其他公司的设计师，或者与国外汽车设计公司合作来提高自身的审美和设计水平。马自达公司于1960年凭借微型车R360 Coupe正式进军乘用车市场，该车型同样由小杉二郎设计。作为一款微型双门四座轿车，马自达R360 Coupe整体造型低矮，前灯与尾灯之间的车身隆起部分不仅提供了车身的整体强度，还使原本较短的车身在视觉上显得更为修长。此外马自达公司为R360 Coupe选用了全铝发动机舱盖及镁合金发动机部件等轻量化材料，创造了当时日本国产汽车的轻重量纪录❶。

20世纪60年代是马自达公司初步奠定公司设计理念的时期，先后推出了Carol 360（1962年）、Familia（1964年）和Luce（1966年）等一系列经典车型。1967年该公司推出了世界上首款搭载双转子发动机的量产车Cosmo Sport。得益于转子发动机轻巧的主体结构，Cosmo Sport拥有了同时代罕见的低矮、流畅的车身造型，搭配以粗壮的C柱和曲面后窗，其充满未来气息的车身比例引领了日后转子跑车的外观设计风格。为尽快在市场上推广转子发动机技术，在推出Cosmo Sport的第二年，马自达又以Familia为原型推出了搭载转子发动机的Familia Rotary Coupe。Familia Rotary Coupe的外观具有浓郁的时代特色，该型车是马自达公司第一款采用方形前照灯的车型，由于当时流行椭圆形车身造型，设计师特意将Familia Rotary Coupe的前后保险杠两端设计为向上扬起的形式，并使车身两侧腰线与前后保险杠相连，内饰则沿用了Cosmo Sport的T字形中控台设计❷。

20世纪70年代，马自达公司的出口业务得到快速发展，其汽车产品出口量自1965年的不到1万辆猛增至1970年的10万辆。尽管美国政府于1970年颁布的汽车废气排放法，导致采用转子发动机（因固有结构而较难实现排放控制）的马自达公司在北美市场陷入困境，不过经过艰苦攻关于1973年解决了转子发动机的废气排放控制难题使之符合美国的排放标准，并在当年创下了34万辆的新车出口纪录。自此马自达公司越发重视广阔的北美市场，其设计风格也开始迎合北美消费者的审美喜好。其中较有代表性的车型为Savanna，该型车与世界上首艘蒸汽机船同名，并以狮子的形态作为设计灵感以展现出野性之美。长首短尾的车身比例，以及向外隆起的轮眉，一系列造型细节显示出蓄势待发的压迫感❸。

本时期另一个引人注目的汽车制造商是王子汽车工业公司，其前身富士精密工业和斯巴鲁公司系出同门，均由中岛飞机公司拆分并发展而来。其著名车型Skyline发布于1957年（图3-65），一举打破了战后初期日本汽车产业界专注于轻型汽车的局面，开始制造初步具备奢华外形和

❶ 日经设计，广川淳哉.马自达设计之魂:设计与品牌价值[M].李峥，译.北京:机械工业出版社,2019:191-193.

❷ 日经设计，广川淳哉.马自达设计之魂:设计与品牌价值[M].李峥，译.北京:机械工业出版社,2019:192-198.

❸ 日经设计，广川淳哉.马自达设计之魂:设计与品牌价值[M].李峥，译.北京:机械工业出版社,2019:202-203.

内饰的普通车型。1960年王子汽车工业公司对Skyline进行改款换代后，委托意大利汽车设计师乔瓦尼·米切洛蒂（Giovanni Michelotti，1921—1980）在第二代Skyline的基础上开发一款运动款轿车，由此日本第一款运动型轿车Skyline Sport于1960年诞生（图3-66）。该款车最大的特点是针对造型端正而中庸的第二代Skyline的架构进行关键部位的重新设计，如将双灯组的前照灯设计为下倾角并配合加宽的汽车中网使车头前脸仿佛充满着野性和怒气，加上边缘线条更为圆润的前挡风玻璃、充满运动感的轮毂、重新设计的镀铬车身防撞条、更加醒目的纵列车尾灯等元素使王子Skyline Sport呈现出迥异于其基础车型的风格。

　　尽管旗下的轿车Skyline，以及由Skyline发展而来的豪华型轿车Gloria均成为这个时代的经典车型，王子汽车工业因经营问题于1966并入日产汽车公司，Skyline等型号则冠之以日产的品牌得到延续。推出于1967年的第三代日产Gloria以其纵列四灯的前照灯组和中网的十字形镀铬饰条展现出迥异于同期日本轿车却接近美式肌肉车（Muscle car）的设计风格（图3-67）。尽管第二代Skyline自王子汽车工业公司并入日产汽车公司后即以日产Skyline为名销售，但直至1968年第二次改款换代后才诞生了日产旗下第一款全新的Skyline。该型车的设计延续了第二代Skyline的方正外形，但更加一体化的双灯组前照灯与明显收窄的车头中网、车头与车尾处的车身侧棱让整车显得更加锐利。第三代Skyline于1969年发布了其高性能版本，并被命名为日产Skyline 2000 GT-R，即日后鼎鼎大名的日产GT-R的前身（图3-68）。

❶ 来源：ビークルズ

❷ 来源：JapaneseClass.jp

❸ 来源：MOTA

❹ 来源：（株）青岛文化教材社

图3-65　初代王子Skyline❶

图3-66　王子Skyline Sport❷

图3-67　第三代日产Gloria❸

图3-68　Skyline 2000 GT-R❹

3.6 消费主义社会与商业主义设计

1960年池田勇人内阁提出了国民所得倍增计划，也是这一时期前后日本进入了经济高速发展阶段，以轻工业为主的产业结构逐渐变为以重、化工产业为主。在这一过程中政府的产业政策发挥了重要作用。早在1952年颁布的《企业合理化促进法》促进了欧美先进工业技术的引进，从而迅速抹平了日本与欧美传统工业强国的代差。然而，日本各企业所获得的技术高度同质化导致迅速陷入激烈的市场竞争，进入20世纪60年代以后这一现象越发严重。在技术水平和制造工艺差别不大这一前提下，商业竞争出现了过分重视营销和宣传的不良现象。在工业设计被当成打开销售局面的背景下，在工业设计、广告设计等领域以强调装饰、表现奢华为主要特征的商业主义设计应运而生。

与此同时，根据由经济企画厅（现并入内阁府）发布的1967年度《国民生活白皮书》中的调查统计，九成以上的日本国民已经拥有所谓的"中流意识"，并由此产生了"一亿总中流"的说法，即在高速的经济增长背景下保持收入分配公平，推动经济与社会的协调发展，并实现一定程度上的社会共同富裕。由此日本的中产阶层得以壮大，并在发展经济、稳定社会、凝聚共识等方面发挥积极作用。当自己属于中产阶级的所谓中流意识植根于国民意识深处后，告别曾经的节俭生活并拥抱消费主义的观念开始流行，"消费即美德"的说法开始出现。也正是1967年前后，日本进入了所谓的3C（汽车"Car"、空调"Cooler"、彩色电视机"Color Television"三个英文单词的首字母）时代，汽车设计和家用电器开始迅速在全社会普及。

面对潜力巨大的消费市场和彼此间技术实力并无代差的竞争对手，各企业针对民众的生活方式和消费习惯进行各种调查并以此开发出琳琅满目的产品，以松下公司为代表的家具风格设计即为其典型表现。1963的松下SE-200型立体声"飞鸟"和1965年的松下TC-96G型电视机"嵯峨"将诞生于功能主义时代的电器赋予高档家具般的外观与质感，使其成为生活起居空间的核心，这成为本时代家用电器设计的重要特征之一。在交通工具设计领域，新干线0系电车和YS-11型客机象征了日本制造业在经济繁荣期的雄心壮志，尤其是新干线的成功运行为其后续发展奠定了良好的基础。日本丰田汽车公司和日产汽车公司则延续了汽车制造行业两强的争霸格局，从实用的紧凑型轿车到象征公司技术实力的高性能汽车均呈现势均力敌之势，并成功地共同开拓了对欧美国家的出口销路。尽管尚未能摆脱廉价汽车的品牌形象，但部分具有良好性能及设计感的热门产品不仅刺激着日本国内市场的消费欲望，也在欧美年轻消费群体中积累了良好口碑。

1959年，平面设计师龟仓雄策、山城隆一（Ryuichi Yamashiro，1920—）、原弘等人与丰田汽车公司、朝日啤酒公司、东芝公司等联合出资创立了日本设计中心公司（NDC），成为当时规模最大的广告公司。此外，其他公司也开始纷纷加大在广告制作方面的投入，如著名的广告代理公司电通公司与美国扬·罗比凯广告公司（Young & Rubicam）展开合作，其竞争对手博报堂公司也开始强化其广告制作部门。1966年彩色电视放映开始后，电视广告迅速普及开来，激烈的营销竞争也由此蔓延至电视平台。激烈的商业竞争刺激着人们的消费欲望，一方面加快了商品的新陈代谢，另一方面刺激着设计在商业中的应用——不仅包括广告领域的平面设计，包装设计也在本时期迎来了快速发展。如1967年发布的资生堂男性化妆品MG5在简洁纯粹的筒状瓶身上加入黑银相间的菱格，使其在一众类似商品中显得格外醒目，该系列化妆品的成功使原本存在感稀薄的包装设计一跃成为商品宣传的利器❶。

在对商业化设计大行其道的背景下，设计师的个性被商业需求所取代。作为对这一现象的质疑，1965年"个性（Persona）"平面设计展在东京的银座松屋举办。参展者包括粟津洁、福田繁雄、细谷严、片山利弘（Toshihiro Katayama，1928—2013）、胜井三雄、木村恒久（Tsunehisa Kimura，1928—2008）、永井一正（Kazumasa Nagai，1929—）、田中一光（Ikko Tanaka，1930—2002）、宇野亚喜良（Akira Uno，1934—）、和田诚（Makoto Wada，1936—2019）、横尾忠则——早川良雄称为"代表日本的中坚精英"的11名战后第二代平面设计师。无论是20世纪60年代高度繁荣的商业广告，还是1960年世界设计会议和1964年东京奥林匹克运动会，尽管为平面设计师们提供了一展拳脚的舞台，但这些项目不得不以商业取向、多为团队合作而不彰显个性的无名性设计。"个性"平面设计展则代表着新一代年轻设计师们对此表达的抗议，在设计展上设计师们最大限度地展现了各自的风格，仅仅6天就吸引了3.5万人到场观看。

❶ 尚万里，樋口孝之.1960年代における資生堂宣伝部の運営とパッケージデザイン成果インハウスデザイナー杉浦俊作の仕事を通して[C]// 日本デザイン学会研究発表大会概要集 日本デザイン学会 第64回春季研究発表大会.一般社団法人 日本デザイン学会,2017:140.

大事记

1957年 《出口检查法》颁布；通商产业省设立意匠奖励审议会；优良设计商品选定制度开始；日本工业设计师协会的官方杂志创刊；国立近代美术馆举办"二十世纪设计展"。

1958年 《意匠法》修订；通商产业省贸易振兴局设立设计科；日本优秀手工艺品对美出口推进计划实施；日本室内设计师协会（JID）设立。

1959年 《出口商品设计法》颁布；日本工艺中心（CCJ）开设；生活用品振兴中心（GMC）设立；工艺区（银座松屋）开设；机械设计中心开设；关西意匠学会（现意匠学会）成立；日本设计中心公司（NDC）创立；《设计》杂志创刊。

1960年 世界设计会议于东京举办；优良设计委员会成立；日本设计屋于东京开设；大阪设计屋开设；日本包装设计协会（JPDA）成立；设计学生联合成立；TAKI工房创立。

1961年 综合设计师协会（DAS）成立；日本商业环境设计协会（JCD）成立；日本消费者协会成立；设计奖励审议会发表《设计振兴机关的设置》；东海道新干线开始试运行；《消费品的品质标注法》颁布。

1963年 日本人因工学会（JES）成立；日本图案家协会成立；国立近代美术馆的京都分馆（工艺馆）开馆并举办"手与机械展"。

1964年 东京奥林匹克运动会举办；日本珠宝设计师协会（JJDA）成立；浪速艺术大学（现大阪艺术大学）设立；第一届学生设计会议以"设计与未来"为主题举办。

1965年 第一届日本工业设计会议召开；日本标志设计协会（SDA）设立；日本设计保护机关联合会（现日本设计保护协会）成立；日本建筑中心开设。

1966年 日本设计团体协议会（D-8）成立；日本标志设计奖设立；东京造型大学设立；爱知县立艺术大学设立。

1967年 日本进入3C（Car、Cooler、Color Television）时代；京都设计协会成立；武藏野美术大学设立基础设计学科；伊奈制陶公司（现LIXIL公司的前身INAX公司）发布日本首款温水冲洗马桶"Sanitarina 61"。

1968年 九州艺术工科大学（现九州大学艺术工学府）设立。

1969年 日本产业设计振兴会（JIDPO）设立；产业工艺试验所改称为产品科学研究所；宫崎椅子制作所创立。

1970年 大阪世界博览会举办；日本产业振兴会展馆开馆；日本宣传美术会解散；MONO MONO Group成立；机械工业设计奖（IDEA）设立。

1971年 大阪设计中心设立。

1972年 设计奖励审议会发表《七十年代设计振兴政策的存在方式》；家具历史馆于东京晴海开馆；NITORI公司创立。

第4章
日本工业设计风格的确立（1973—1990年）

石油危机尽管造成了经济的暂时停滞，也给日本社会带来了一次反思的机会。经济至上思潮造成的大量污染和病痛使人们警醒，对于环境保护、残障人士和老年人福祉的关注日益增长，生态设计和无障碍设计的理念在日本产业界产生了深刻影响，此外战后婴儿潮一代的成家立业则催生了多元化的用户需求。尽管面临众多挑战，在经济平稳增长的背景下日本工业设计得到了爆发式的成长。家具设计出现了新潮的后现代主义风格，充满科技感的个人及家用电器设计成为日本产业界的金字招牌，家用汽车在国际市场攻城略地甚至创立了豪华车品牌，这些事实反映出本时期日本工业设计的成功。"轻薄短小"是本时期日本工业设计的关键词，成为日本将民族特色、技术成就以及社会思潮加以结合所得到的美学范式。

4.1 对工业化社会的反思与日渐成熟的设计

经过20世纪50~70年代初连续二十余年的经济高速发展，日本国民普遍富裕起来，而东京奥林匹克运动会和大阪世界博览会的成功举办成为这一时期的重要注脚。然而1973年的第一次石油危机的到来使经济高速发展期戛然而止，经济增长的相对停滞、环境灾害的频发，以及重大污染疾病促使人们反思高速发展的工业化社会中唯经济论所带来的恶果，并孕育了蓬勃展开的消费者运动。生活协同组合、日本消费者协会、日本消费者联盟、主妇联合会、全国公团住宅自治会协议会等消费者团体纷纷成立，消费者们面对仅追求利润而道德沦丧的企业发出质问，呼吁全社会对消费者健康与安全、环境保护、资源循环利用等的重视。20世纪80年代以来，日本逐渐进入成熟社会，从战后经济复兴期到经济高速增长期，消费者经历了各类商品从无到有、从劣质到优良的发展历程，逐渐不再将拥有商品作为消费目标，而是思考以商品为手段去实现自己所追求的价值❶。

面对新的经济形势、产业背景、社会意识，企业意识到它们需要致力于回应更加多样化的消费需求。在这一时期，基于生活方式进行设计以提升产品附加价值的手法越发常见，尤其是战后婴儿潮一代在这一时期成家立业形成了所谓"新家庭（New Family）"，更加平

❶ 幾石致夫.成熟社会における消費者像[J].中央学院大学論叢.商経関係,1982,17(2):325–352.

等的夫妻关系、买住宅的意愿强烈、对潮流更加敏感、更加乐于享受休闲时光——丰富的用户需求促使商品开发和市场营销的从业人员探讨适应新型生活观念的设计。松下电器公司着眼于新家庭生活空间内的搭配效果，于1974年推出了"爱的颜色"系列家电，选择电饭煲、电烤箱、榨汁机、电热水壶、烤面包机这五种厨房家电，针对东京和大阪的消费者进行关于色彩偏好的用户调研，根据结果将其色彩设计加以统一后包装为一个系列进行成套销售，之后更将这一设计方法扩大到电热锅、搅拌器、电饼铛、咖啡机等全套厨房家电，率先通过家电系列化、颜色商品化提升产品附加价值。夏普公司则从"降低能耗""简化操作""节约资源"的角度迎合新形势下的用户需求并于1976年提出"新生活商品战略"，并推出了一系列具有革新性的电器。如首次将更为常用的冷藏柜置于冰箱上部并新增独立蔬菜专用区的SJ-6400X型三开门冰箱，以及搭载传感器以自行调整时长和火力的R-5000W型烤箱等。夏普公司的家电系列化思路是围绕新型生活方式进行设计，将适用于城市住宅环境中的各类厨房家电打包作为商品群推向市场。松下电器公司和夏普公司一样试图捕捉战后婴儿潮一代对生活方式的期待，并据此开发出种种新颖产品，其设计手法在本时期逐渐普及。

如松下电器公司和夏普公司般试图捕捉战后婴儿潮一代对生活方式的期待，并据此开发出种种新颖产品的设计手法在本时期逐渐普及。然而，面对多样化的用户需求，大型制造业公司因其固有的内部体制在设计管理层面的局限性难以完全克服，在用户多元需求与企业固有局限的夹缝中，以东急HANDS公司、良品计划公司、大创产业公司为代表的新型企业开始出现。东急HANDS公司创立于1976年，其经营内容主要是家居用品、生活杂货、家用工具的销售。该公司并非简单地向各制造业公司批发成品，而是基于用户需求定制品类极其丰富的餐具、炊具、文具、饰品及家具杂货，并将大量日常所需而一般零售店铺未备的工具、配件陈列于店内，一方面让消费者根据自己的需要购买并回家自行加工，另一方面让消费者面临琳琅满目的商品而萌生新的购买欲望。

创立于1980年的良品计划公司则专注于减少加工、装饰及品牌营销，是"无品牌（No brand）"商品的代表——这也是其旗下品牌"无印良品"的内涵所在。该公司创业初期由田中一光设计海报，麹谷宏（Hiroshi Kojitani，1937—）负责包装设计，杉本贵至（Takashi Sugimoto，1945—2018）负责门店的室内装饰设计。无印良品的品牌海报、包装乃至店面的内饰设计均化繁为简，减少一切装饰以突出商品本身的功能和材质，这种风格当时极为少见，反而使这一品牌迅速为民众所熟知。无印良品的诞生可谓对于过度商业化的一种抵抗，普通民众在消费主义的洪流中采取重品质、轻浮华的生活美学，这种强调品质与功能且不过分追求装饰的风格也为创业于1984年的优衣库公司所采用。

　　本时期设计界对商业主义风潮的反思中，秋冈芳夫的观点和实践非常具有代表性，这不仅因为秋冈芳夫在日本设计界的地位，还因为他提出了相应的理论并积极付诸实践，其影响即使在他本人身故后也依然存在，甚至延续至今。秋冈芳夫出身于东京高等工艺学校木材工艺学科，并在战后参与了工艺指导所对驻日美军所用家具的设计。1953年，秋冈芳夫与金子至、河润之介等组成KAK设计事务所，在KAK期间参与了包括交通工具、个人消费电器、仪表机械、家具杂货、传统工艺品在内众多类型产品的设计，他一直主张作为工业设计师相较于设计物体本身，更应该针对物品与用户之间的关系进行设计。面对20世纪60年代日本制造业的快速成长，秋冈芳夫主张摒弃"消费者"这一概念，转而使用"爱用者"一词❶，希望在这个规格化、废弃制盛行的工业时代唤起设计师同僚们。

　　早在1970年秋冈芳夫就开始召集设计师、传统手工艺人、杂志编辑、摄影师、商人等设计相关人士形成MONO MONO沙龙，每周聚会探讨设计构思问题。沙龙位于东京中野区某幢公寓的房间——该房间最初被秋冈芳夫称为104会议室，后更名为Group MONO MONO事务所❷。在探讨中众多设计构思得以诞生并被投入生产实践，在此基础上秋冈芳夫举办了如1977年的"今天的工艺展"、1975年的"1100人之会"等一系列设计与工艺展览，并借此传播秋冈芳夫倡导的符合日本式生活的各种产品。1979年MONO MONO公司成立，并推出了一系列从传统元素出发的家具和用品，该公司直至20世纪90年代都是战后日本工艺运动的重要据点。

　　立足日本传统工艺推动工业设计发展方面的努力是多方面的，工艺财团于1973年创设国井喜太郎产业工艺奖，该奖项用于表彰对工艺与工业设计发展做出重要贡献的个人与组织，是设计领域的重要奖项。此外，其他一些设计表彰制度也在本时期得以发展。例如，"每日产业设计奖"于1976年改称"每日设计奖"，并拓展其覆盖范围，日本年度汽车选定制度"Car of the Year, Japan"于1980年开始。而优良设计选定制度则于1980年新设了优良设计大奖和Long Life特别奖，并于1984年将所有工业制品纳入选定范围，并新设消费者推荐制度。

❶ 秋冈芳夫.割ばしから车まで[M].東京:柏樹社,1981.

❷ 宮崎清.秋冈芳夫:自己の哲学と生活の反映としてのデザイン(<特集>デザインのパイオニアたちはいま)[J].デザイン学研究特集号,1993,1(1):6-9.

4.2 设计行政的新方向

1972年出口检查及设计奖励审议会对于设计的定位已变为"创造满足人们物质、精神要素的协调环境的创意活动，将产品功能、环境适应性和兴趣爱好等用户需求，和技术、经济性等生产要求进行结合并以此决定产品的形态的活动"，强调尊重人性并以此作为20世纪70年代设计振兴政策的立足点。这一精神在1979年关于设计振兴政策的论述中得到继承，该论述强调"基于确保有人情味的生活，并以此进行创造性活动"。前述设计政策中出现的新观点不仅反映出日本经济从出口导向转向对外出口和国内消费并重，同时也是对设计认识的进一步加深。自20世纪70年代初至80年代末，从对工业设计的定位和实践措施来看基本延续了这一观点，强调通过对有形物的设计满足用户的多元需求，工业设计不再是只有政府和专家关注的产业政策工具，它已融入日本国内消费市场并成为一种生活方式。

1972年6月，联合国人类环境会议全体会议于斯德哥尔摩召开，并通过《联合国人类环境会议宣言》，其中提及人类由于科学技术的迅速发展已经能够在空前规模上改造和利用环境，但与此同时保护和改善人类环境关系到各国人民的幸福和经济发展，因此宣言呼吁国与国之间进行广泛合作，并希望国际组织采取行动以谋求共同的利益。宣言在此基础上提出一系列具体倡议，其中包括保护地球资源、减少污染的条款。在此背景下所谓绿色设计（Green Design）或生态设计（Ecological Design）的理念在世界范围内逐渐普及、发展。

20世纪80年代以来，日本及西方工业国家开始讨论如何在产业层面减少资源消耗和环境破坏，1987年的《蒙特利尔议定书》规定严格管制氯氟烃的使用即为一例。一些国家越发重视资源的循环使用以及材料的合理选用，并进行了一系列相关的技术研究及制度建设。日本政府于1984年通过内阁决议的方式决定实施环境影响评价制度，并最终在1997年通过立法形式将这一制度正式确定下来。为了对产品在各个阶段对环境产生的影响进行量化评估，生命周期评估（Life Cycle Assessment，以下简称为LCA）的手法被采用。LCA旨在评估产品"从摇篮到摇篮（cradle-to-cradle）"的整个生命周期中对于环境的影响，从原材料的提取和获取，到能源和材料的生产和制造，再到产品的使用阶段以及最后的处置或回收均在评估范围内。LCA的采用不仅有助于识别在产品生命周期的不同阶段改善其环境性能的机会，还能为有关产品规划、设计和制造的决策提供支持，并可能影响到企业的市场营销策略。

来自环保政策的制约固然在一定程度上限制了设计师对于产品的创意，但从某种意义上而言这种限制对于日本工业设计不啻为一个新的机遇。相较于殖民时代以来掌握世界能源与资源的欧美国家而言，日本资源匮乏、灾难频发、自江户时代以来更维持闭关锁国的政策，对于节约资源、居安思危有着更为深刻的历史记忆。无论是应用环保材料的产品包装，还是精密化的小型电器，乃至轻量化的小排量汽车，在外部不利环境的催化下反而得到了长足的发展并进而成为日本工业设计的特色，可谓塞翁失马焉知非福。

福祉用具是官民合作的另一个典范，福祉用具指用于辅助老人、残障人士、复健患者进行日常活动或康复治疗的各类产品。日本战后对于残障人士福利的保护源于1946年制定的《生活保护法》，政府开始将老人和残障人士纳入社会福利体系，1949年的《身体障害者福祉法》中出现了向残障人士提供福祉用具的表述，20世纪50~60年代则通过一系列立法将残障人士的范围逐步拓宽并提升其保障福利，1971年修改的《道路交通法》开始考虑残障人士的使用需求，并出现了日后被称为无障碍设计的理念，20世纪70年代起建设省（现国土交通省）在规划人行道和立交桥时开始重视老人、残障人士以及推童车者的安全性和便利性。

自从20世纪70年代起，联合国开始关注残障人士并陆续通过多项相关决议，包括将1981年定为"国际残疾人年"并要求各国关注残障人士并在行政层面实施相应的政策。联合国于1982年通过《关于残疾人的世界行动纲领》并宣布1983—1992年为"联合国残疾人十年"，在世界范围内推动人们重视改善残障人士生活境况，增加他们的受教育和就业机会，并提升他们的经济与社会地位❶。在这一背景下，为了持续推动旨在帮助残障人士的各类政策，日本政府于1981年设置"残疾人对策推进本部"并于此后制定并实施了一系列改善残障人士生活状况、帮助残障人士融入社会的政策❷。随着财政资金的投入，新建的社会基础设施逐渐无障碍化的同时，针对各类福祉用具的设计也得到了迅速的发展。例如中央电梯工业公司于1976年发布了日本首款面向腿部残障者的座椅式台阶升降机后，于次年发布首款轮椅用台阶升降机，而日立制作所发布于1986年的200CX-P型电动扶梯已经可以让轮椅使用者直接乘用扶梯，此类产品的出现为残障人士积极外出并融入社会提供了极大便利。

1979年，国际设计会议（IDC）以"日本与日本人"为主题于美国阿斯彭召开，本次会议由黑川纪章担任会议发言人，各领域的日本设

❶ 联合国. 第七章 联合国残疾人十年：1983—1992[EB/OL]//联合国. 联合国关注残疾人.2005[2022-07-05]. https://www.un.org/chinese/esa/social/disabledb/historyb7.htm.

❷ 内閣府. 第2章 施策推進の経緯と近年の動き[M/OL]//内閣府. 平成26年版障害者白書.2014[2022-07-05]. https://www8.cao.go.jp/shougai/whitepaper/h26hakusho/zenbun/index-pdf.html.

计师和专家学者参与会议，日本元素罕有地出现在世界设计舞台，令
日本设计界感到鼓舞。以阿斯彭会议为契机，以研究日本精神史和佛
教文化闻名的哲学家梅原猛（Takeshi Umehara，1925—2019）于1980
年发起名为日本文化设计会议的设计团体，并由建筑设计师黑川纪章、
美术史学者高阶秀尔（Shuji Takashina，1932—）、平面设计师粟津洁
等人担任干事，同年第一届同名会议"日本文化设计会议"以"从20
世纪80年代社会的设计出发考虑21世纪的日本社会"为主旨，召集了
数十名来自各个领域的设计师和学者进行探讨。此后，日本文化设计
会议每年均会在日本各地的重要城市召开会议，并于1990年更名为日
本文化设计论坛（JIDF），在召集设计界及相关领域的人士进行研讨交
流的同时，还开设日本文化设计奖以表彰对于文化和社会做出重要贡
献的团体与个人。

　　本时期其他具有代表性的设计团体包括：设立于1975年的传统工
艺品产业振兴会和大阪设计事务所协同组合（ODOU）、设立于1978年
的日本图形设计协会（JAGDA）、设立于1980年的日本符号学会、设
立于1983年的国际设计交流协会和日本电脑图形协会、设立于1984
年的日本改建中心、设立于1987年的日本建筑家协会（JIA）、设立于
1989年的符号创作者协会（SCA）。此外，日本设计师与工匠协会于
1976年改称为日本工艺设计协会（JCDA），日本设计保护机关联合会
于1988年改组为日本设计保护协会（JDPA）。

　　1989年时值名古屋市百年庆典，国际工业设计协会于同年在名古
屋召开年度大会"世界设计会议ICSID'89名古屋"，数年前当该次会
议被预订将于名古屋举办后，通商产业省便希望抓住机会进一步推进
设计的普及与发展，名古屋市则希望提升城市的软实力，因此均希望
利用这一机会——尽管该次会议原本仅为国际工业设计协会的一次普
通会议。1989年6月，名古屋发布《名古屋设计都市宣言》，呼吁重视
设计这一基于人道主义的创造性发展模式，并强调将把名古屋市建设
成洋溢着感性的设计都市。一个月后由名古屋市政府策划，作为建设
设计都市第一步的世界设计博览会于市内召开并吸引了广泛关注。该
展览会举办过程中，"世界设计会议ICSID'89名古屋"于名古屋成功举
办，此后随着日本政府及名古屋市的运作，"国际室内建筑师设计师团
体联盟IFI'95名古屋"及"国际平面设计协会联合会ICOGRADA·名古
屋2003"陆续于该市召开，名古屋市十余年间连续举办了世界设计会
议（ICSID）、国际室内建筑师设计师团体联盟（IFI）、国际平面设计协
会联合会（ICOGRADA）等世界设计界主要会议，进一步强化了其文
化都市的形象❶。

❶ 芸術工学会地域デ
ザイン史特設委員会.日
本・地域・デザイン史
II[M].東京：美学出版
社,2016:138-140.

4.3　风格多变的家具与家居用品设计

从20世纪70年代中期开始，为了适应消费者的多样化需求，小菅家具公司旗下开始出现了繁杂的产品线，并相应诞生了多变的设计风格，主要包括传统欧式风格、田园式风格、传统日式风格、现代主义风格、后现代风格等几大类。其中具有代表性的如黑川纪章设计的"Edo"系列家具，尽管以东京旧称"江户"的发音为名并融入了朴素淡雅的传统审美和传统的漆面装饰，但是充满建筑美学的结构和基于几何拼接的造型却给人以后现代主义风格的印象。同样出自黑川纪章之手的"Fractal"系列则同时包括了木制和藤制家具，该系列中各款家具的共同点在于将充满波浪般律动感的曲面巧妙地融入家具构型。

本时期的日本家具设计中后现代主义的元素越发常见，仓俣史朗（Shiro Kuramata，1934—1991）作为这一风格的代表性设计师享有较高的国际声誉。1956年毕业于桑泽设计研究所生活设计科的仓俣史朗在入行之初主要设计店铺和展示空间，此后逐渐将其工作从室内设计拓展至产品领域，他于20世纪60年代末到80年代迈入其家具设计的创作高峰期。1968年的"旋转柜（Revolving Cabinet，图4-1）"和"金字塔柜（Pyramid）"、1969年的"夜光椅（Luminous Chair）"均为其早期的代表作。而于1970年为意大利家具品牌卡佩里尼（Cappellini）设计的"变形的家具（Furniture in Irregular Forms，图4-2）"更为他在欧洲家具设计界赢得了声誉，单板层积材制成的柜体充满韵律曲线并展现出生命的动感，成为留名于设计史的经典之作。此后，1972年的"幽灵灯（Oba-Q）"、1976年的"玻璃椅（Glass Chair，图4-3）"、1982年的"C号椅（Chair C）""钢管沙发椅（Sofa with Arms，图4-4）"、1985年的"跳起比津舞（Begin the Beguine）"和"晨昏时分（Twilight Time，图4-5）"、1986年的"苹果蜂蜜（Apple Honey，图4-6）"、1987年的"伞立（Umbrella Stand F.1.86）"等充满创意的设计先后问世，在这些作品之中，通透、律动、轻盈始终是最常见的主题。

1981年，仓俣史朗受到意大利设计师、"孟菲斯"集团核心人物埃托·索特萨斯邀请，与建筑设计师矶崎新、意大利日裔设计师梅田正德（Masanori Umeda，1941—）等人作为极少数出身日本的成员参与了"孟菲斯"集团举办的设计展，以此为契机，他加入"孟菲斯"集团并成为该组织中唯一的亚洲设计师，其后的几年中，仓俣史朗为孟菲斯集团创作了一系列以材料的巧妙运用为主要特征的家具，这些设计活

图 4-1　旋转柜❶

图 4-2　变形的家具❷

图 4-3　玻璃椅❸

图 4-4　钢管沙发椅❹

图 4-5　晨昏时分❺

图 4-6　苹果蜂蜜❻

❶ 来源：cambiaste.com

❷ 来源：wright20.com

❸ 来源：christies.com

❹ 来源：wright20.com

❺ 来源：SOMEWHERE TOKYO

❻ 来源：incollect.comG

动使他成为享誉国际的设计师。

　　1986年，仓俣史朗设计的椅子"月亮有多高（How High the Moon）"成为又一名留设计史的经典佳作，由铬镍钢材料所制成的钢板网构成了无框架的扶手椅，其展现出的轻盈、虚幻之感令人称奇（图4-7）。这一造型方式在其前一年设计的两件作品"钢网椅（Sing

Sing Sing）"和"晨昏时分（Twilight Time）"中已开始被使用，前者是一把通过在镀铬金属的框架上固定以钢板网构成的扶手椅，在坚固框架的对比下，柔韧的曲面椅身显得格外优美灵动；后者是一张三角桌，桌面由无色玻璃而桌腿由钢板网构成的空心倒锥体，整张桌子显示出轻盈的视觉效果，宛如悬浮于虚空。1988年，仓俣史朗经过建筑设计师安藤忠雄的介绍，结识了时任国誉公司的副社长黑田章裕，并在该公司的帮助下试制完成自己的代表作之一，名为"布兰奇小姐（Miss Blanche）"的椅子（图4-8）❶。椅子的名称取自电影《欲望号街车》中女主角的名字，椅身的设计大胆采用了当时作为新型材料的丙烯树脂，将彩色丙烯树脂做成的玫瑰假花封入透明丙烯树脂制成的椅身，显示出一种非现实的空灵美感。

　　除了家具设计，仓俣史朗在空间设计的领域也非常活跃。早在1965年其成立个人设计事务所后便和先锋艺术家高松次郎（Jiro Takamatsu，1936—1998）、视觉设计师横尾忠则（Tadanori Yokoo，1936—）等人合作进行了一系列的室内设计，并因此获得外界关注。仓俣史朗设计的赤坂寿司店"梅之木"（东京都，1978）、筑波第一旅馆（筑波市，1983）、咖啡屋"OXY咖啡"（东京都，1987）、新桥寿司店"清友"（东京都，1988）、咖啡屋兼酒吧"COMBLE"（静冈市，1988）、酒吧"Oblomov"（福冈市，1989）均为其代表作。仓俣史朗和时尚设计师三宅一生（Issey Miyake，1938—2022）的合作更为人所称道，仓俣史朗为三宅一生同名服装品牌的一系列专卖店进行店内空间设计，包括三宅一生的银座松屋店（东京都，1983）、波道夫·古德曼店（纽约市，1984）、涩谷西武店（东京都，1987）、南青山店（东京都，

❶ KOKUYO株式会社.コクヨファニチャー事業のあゆみ[DB/OL].[2022-05-03].https://www.kokuyo-furniture.co.jp/company/history/article_04.html.

❷ 来源：christies.com

❸ 来源：Cultured Magazine

图4-7　月亮有多高❷

图4-8　布兰奇小姐❸

1987）、巴黎店（巴黎市，1987）、麦迪逊大街店（纽约市，1989）等。他在对三宅一生门店的设计中广泛使用其独创的"星屑（Star Piece）"水磨石，即在传统水磨石中加入彩色玻璃材料以展现出独特的视觉效果，这一材料还被用于他的部分家具设计。

　　仓俣史朗的设计具有后现代主义的风格，但相较于繁复的形态他更偏好简约的形态，并巧妙地利用各种新式材料赋予家具独特的视觉效果。他设计的家具中时而使用玻璃、丙烯树脂等透明材料，时而使用钢板网等通透材料，抑或在形态上采用充满动感的曲线等形态，通过实体和空间的巧妙结合给人带来轻盈的视觉感受。相较于日本多数家具设计师惯于从民俗、传统造型中汲取灵感，并多将木材作为他们的主要构型材料，仓俣史朗一方面大胆突破传统元素的固有范式，另一方面大胆进行将各类新式材料融入设计的探索，形成了其在日本家具设计界中少有的后现代主义风格。

　　关于本时期对金属等材料在家用家具设计中的探索，日本的独立设计师中除了仓俣史朗以外，内田繁（Shigeru Uchida，1943—2016）的活动也非常引人注目，他在本时期设计的一系列金属家具洋溢着现代主义色彩。内田繁于1966年毕业于桑泽设计研究所，经前辈仓俣史朗的介绍在企业工作数年后成立了个人设计事务所。发表于1974年的藤之椅（Ratten Chair）选择了罕见的金属框架与藤编椅面的搭配并将两种材质融入极简的现代主义框架内，展现出惊人的想象力。1977年设计的"九月椅（September Chair，图4-9）"和"十月椅（October Chair）"则是其钢管家具的代表性作品，圈椅般的环形扶手配以三角形和方形的椅座，在方圆的对比中现代主义的几何美感跃然眼前。其中前者被纽约大都会博物馆永久收藏。1981年的"涅槃椅（Nervara Chair，图4-10）"尽管其柱体的金属框架继承了极简风格，但是椅腿的底部在地面上以不规则的曲线延伸，仿佛某种流体意象的蔓延。此后，内田繁于1985年分别设计了"NY一号椅（NY Chair Ⅰ）"和"NY二号椅（NY Chair Ⅱ，图4-11）"，尽管两把椅子的内侧均加入金属网面，但整体风格一如从前。其中二号椅如同飘浮在空中的座席让人联想到被线条流畅的椅腿所支撑的花朵，宽度、纵深、高度大致相等的立方体座席由曲线和直线的融合构成，使其从前后左右和上面的任意面来看都能收纳在正方形的框架中，展现出至繁归于至简的设计思想，NY二号椅后被旧金山近代美术馆永久收藏。内田繁这一设计风格不仅表现在家具中，本时期其设计的灯具、钟表同样呈现出类似的极简风格。

　　除了家用家具的继续深入发展，迅速繁荣的经济推动了办公家具

图4-9 九月椅❶

图4-10 涅槃椅❷

图4-11 NY二号椅❸

在本时期的迅速发展，人机工程学的相关研究结果越发深刻地影响着家具设计，各大办公家具制造商于本时期纷纷推出了人体工学椅。希望推出新型办公椅的伊藤喜公司于1981年将目光瞄准了由美国设计师艾米利奥·安巴斯（Emilio Ambasz，1943—）和意大利设计师吉安卡洛·皮雷蒂（Giancarlo Piretti，1940—）所设计，兼具良好舒适性和新颖外观的椎骨椅（Vertebra Chair），通过合作的方式引入原始设计并针对日本人的体型进行改进，由此掌握了欧美先进人机工学椅的理念❹。国誉公司基于本公司人机工学的研究成果于1983年推出了Bio-tech Chair。冈村制作所也于1986年开始生产人体工学椅。然而，由于设计实践高度依赖于人机工程学、材料科学等领域研究成果，相关产品设计风格还有待发展和成熟。

除了客厅、卧室、书房以及办公场所的常用家具外，同为家具的洗面台则少有人关注，该类家具往往被归于卫浴用品的范畴，其中最具有代表性即为著名的卫浴用品制造商TOTO公司（原名东洋陶器公司）。日本民众以往常使用厨房中的水龙头和水槽进行洗漱，因此从传统习惯而言并不存在家具形态的洗面台这一概念。日本住宅公团❺进行室内设计规划时最初将专用的洗面槽外挂于墙面并将下水管道埋入墙面，后因施工复杂，将设计方案改为将洗面槽设置于木柜上并直接连接地面排水孔，将其作为日常洗漱的空间并委托TOTO公司进行开发。TOTO公司顺势推出了JLU66型洗面台，这一家具也成为现在日本家庭中常见的洗面台的原型❻。公团作为日本面向工薪阶层所建设的集体住宅，其设计深刻影响了一代人的生活习惯。其中部分产品的设计通过大量用户日常生活的验证不断得以优化迭代，在这一过程中洗面台这种家具的存在逐渐得以确立。

曾经的洗面台仅面向公团生产，TOTO公司此后则面向一般家庭住宅对其进行改进，其中不仅增加了置物用台面、抽屉和冷热水龙头，

❶ 来源：SOMEWHERE TOKYO

❷ 来源：Frieze

❸ 来源：auction.fr

❹ イトーキ株式会社.ショールームスタッフが紐解く、開発のみち－バーテブラチェア[DB/OL].2020[2022-05-21].https://www.itoki.jp/special/125/way/03_vertebra.

❺ 日本住宅公団成立于1955年，是以为工薪阶层大量提供集体住宅或住宅用地，以及建设相关基础设施为目标成立的特殊法人团体。

❻ TOTO株式会社.挑戦の歴史－ユニットバスルームと洗面化粧台の始まりと進化[DB/OL].2017[2022-06-19].https://jp.toto.com/history/challenge/07.

还将原本极简的造型改为欧式设计，以增强其在家庭内的装饰功能。这一改动使洗面台不仅可以用于洗漱，还可以兼作女性的化妆桌，深刻改变了日本人的生活方式。值得一提的是意大利裔法国时装设计师皮尔·卡丹（Pierre Cardin，1922—2020）曾于1975年和TOTO公司合作推出过以他的名字来命名的洗面台，洗面台柜和配套镜柜均由黑红二色构成，搭配以紫色的环形拉手和金色的水龙头颇有种波普风格的印象，给当时的市场带来强烈震撼。进入20世纪80年代后，TOTO公司瞄准女性洗发次数增加且洗发和洗澡分离的趋势，通过更改洗面台盆的形状并增大其面积，并辅以便于洗发的伸缩型龙头等方式，使女性用户得以身穿日常衣物仅仅弯腰即可满足在洗面台洗发的需求，一时引领了年轻女性早上在上班、上学前洗发的热潮❶。

在20世纪60年代分别引入温水冲洗坐便器的基础上，TOTO公司和伊奈制陶公司展开了新的竞争，坐便器的设计不断得到进化，推出的新产品风格多变，日本温水冲洗坐便器的基本特征开始逐渐确立。伊奈制陶公司于1976年开发了Sanitarina F1型温水冲洗坐便器盖（图4-12），可用于对普通的家用坐便器进行改造，使之具有温水冲洗的功能。TOTO公司则从1978年起规划新产品，根据日本人的人体尺寸，对于水流强度、角度、温度等的喜好进行开发设计，最终于1980年发布了其Washlet G型坐便器（图4-13），在开发过程中所定下后方43°的冲洗用喷水角度、38℃的冲洗水温、36℃的坐便圈温度、50℃的干燥用暖风温度等数值❷。Washlet G型坐便器上市后因其广告台词"屁股也想洗一下"在电视的日常时段播放引发观众不满，一度成为社会热点话题，但也正是该型坐便器及其广告将温水冲洗坐便器逐渐推向普及，时至今日Washlet系列已经在日本成为温水冲洗坐便器代名词一般的存在。此后诸如1983年出现的冲洗喷头自清洁功能和面向女性的坐浴盆功能，1988年出现的按摩水流功能、无线遥控器等功能❸，这些改进均显示TOTO公司从用户体验和产品细节出发，通过新功能叠加逐渐迭代的思路。日本的卫浴用品设计除了以对温水冲洗坐便器最为人所知以外，一些产品还显示出集成化、节能化、人性化、无障碍化等独到的设计思路，早在20世纪60年代TOTO公司就推出了体现这一思路的产品。鉴于1964年东京奥林匹克运动会将迎来大量游客，急于缩短旅馆的建设周期，TOTO公司于1963年及时推出由墙面和地面纤维增强复合材料制成，整合了洗面台、坐便器、淋浴头、浴缸等设备的单元式浴室，将生产和组装缩短至3~5天，整体式的浴室可避免因施工不当造成的漏水且罕有卫生死角，单元式浴室不仅具有高度的施工便利性、可维护性、防水性，而且设计洗练美观❹，这种独有的设计至今依然为日本的旅

❶ TOTO株式会社.挑战の歴史－ユニットバスルームと洗面化粧台の始まりと進化[DB/OL].2017[2022-06-19].https://jp.toto.com/history/challenge/07/.

❷ TOTO株式会社.挑战の歴史－ウォシュレット・革新は日常へ、そして世界へ[DB/OL].2018[2022-06-19]. https://jp.toto.com/history/challenge/05/.

❸ TOTO株式会社.挑战の歴史－ウォシュレット・革新は日常へ、そして世界へ[DB/OL].2018[2022-06-19]. https://jp.toto.com/history/challenge/05/.

❹ TOTO株式会社.挑战の歴史－ユニットバスルームと洗面化粧台の始まりと進化[DB/OL].2018[2022-06-19]. https://jp.toto.com/history/challenge/07/.

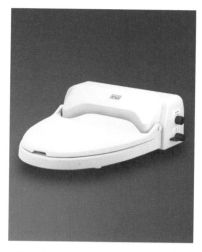

图4-12　Sanitarina F1 型坐便器 ❶

图4-13　Washlet G型坐便器 ❷

馆和家庭所广泛采用（图4-14）。正是借鉴了单元式浴室的开发经验，TOTO公司于1981年又推出同样具有集成化特征的系统厨房。

　　针对产品的节能化改造中，TOTO公司于1976年推出的CS系列节水消音坐便器将一次冲水消耗16升水的直吸式坐便器和消耗20升水的虹吸式坐便器一并减少为13升。而TOTO公司于1988年针对美国西部缺水地区出售的CW703型坐便器更一举将单次耗水量缩减到6升 ❸。伊奈制陶公司于1985年更名为INAX公司后，于1989年推出的节水坐便器则采用了另一种思路，从如厕后洗手这一习惯出发将水龙头和洗手盆设置于坐便器水箱上方并将排水口接入水箱，冲水后水箱龙头自动流出清水供人洗手，此后水流入水箱以备下次使用，从而实现了水的重复利用（图4-15），这一设计后来也为TOTO等公司所借鉴并沿用至今。

❶ 来源：ilovespalet.com

❷ 来源：TOTO株式会社

❸ TOTO株式会社.挑战の歴史－腰掛大便器節水化への終わりなき挑戦[DB/OL].2018[2022-06-19]. https://jp.toto.com/history/challenge/01/.

❹ 来源：リフォーム専門館エビザワ商店奈良

❺ 来源：ilovespalet.com

图4-14　TOTO初代单元式浴室 ❹

图4-15　INAX节水坐便器 ❺

作为用户每日深度接触的产品，日本的制造商在针对坐便器及附属产品的开发中将人性化设计的理念贯彻得较为深入。其中，TOTO公司针对日本女性在公共厕所耻于让人听到如厕声而频繁冲水加以掩盖的习惯，于1988年开发了按下开关后可播放出一定时长的流水声的装置"音姬"。此设计的巧妙之处在于发掘用户痛点的精准眼光和通过简单原理设计解决问题的思路，一个简单的拟声装置不仅显示出人性关怀，而且减少了资源消耗。INAX公司则针对女性对温水冲洗坐便器卫生问题的敏感，开发了分别用于前后不同部位的双喷头温水冲洗坐便器。

此外，TOTO公司在无障碍设计方面也具有领先于业界的意识，该公司之前就结合用户反馈为残障人士开发了首款专用坐便器，本时期又陆续优化设计，于1980年推出可从轮椅上平移进入浴缸进行坐浴的无障碍浴缸，1987年推出用于帮助残障人士在厕所和浴室安全移动的专用扶手"Interior Bar"。一系列面向残障人士的设计使其成为日本无障碍设计的先驱之一。

4.4 个人与家用电器设计的黄金时期

进入20世纪70年代以后，一度成为市场主流的小型落地式电视的地位逐渐被桌面式电视所取代，以松下"嵯峨"、东芝"王座"等为代表的家具风格电视机也逐渐显现出颓势，取而代之的是以索尼公司为代表的充满简约美感的高科技风格，发布于1977年的索尼KV-1375型电视机昭示着这一潮流的到来（图4-16）。作为一款与家具风格电视机划清界限的产品，其设计灵感来自喷气式飞机内的显示屏，整合了可伸缩天线的电视机顶端提手是其最为突出的特征，黑银色搭配的冷澈涂装和简洁规整的按键界面给人以充满科技感的印象，这一设计相对于依然热衷于用家具风格外壳包裹电视机的日本同行可谓大胆。继KV-1375型电视机之后，索尼公司发布于1980年的Profeel系列电视机成为这个时代电视机设计的象征之一，该系列强调纯粹功能化的电视机并将其视为视听系统内的一个零件而摒弃不必要的装饰，因此更加便于和录像机、立体音响等其他音像类电子产品进行组合[1]。索尼Profeel系列电视机中，发布于1980年的KX-27HF1型电视机作为一台造型简约的桌面式电视机（图4-17），其以黑银双色构成的方正外壳罕有装饰元素，却具有精致合理的外观比例与优秀的影像播放功能，并可在机身后部加装电视调谐器和立体声放大器，加装落地支架后显得轻盈、颀长。

发布于1983年的KX-4M1型便携式电视机则可谓本时期索尼电视机的经典之作（图4-18），该产品的最初定位是作为播放录像使用，纵深方向令人惊异的长度是其最大特征，电视机上部的条纹散热孔和嵌

❶ 增成和敏．日本におけるテレビジョン受像機のデザイン変遷 カラーテレビジョン受像機の成熟期におけるモニタースタイルの誕生 [J]．芸術工学会誌,2015,68:89-96.

图4-16　索尼KV-1375型电视机❶

图4-17　索尼KX-27HF1型电视机❷

图4-18　索尼KX-4M1型电视机❸

图4-19　索尼KV-6X1型电视机与
VT-M1型电视调谐器❹

入其中的提手令人印象深刻，而打开提手后下方隐藏着画面明度、彩度等的调节仪表盘则更让人感到设计师在如此狭小的空间里闪转腾挪，见缝插针偏偏又恰到好处地整合了诸多功能。此外，KX-4M1型电视机还可以通过外接VT-M1型电视调谐器，使其成为一台普通的便携式电视，VT-M1型电视调谐器在外形上和KX-4M1型电视机自然地融为一体，不仅未显示出累赘反而让其显得更加精密、富有科技感。两年后发布的KV-6X1型便携型电视机则进一步发展了KX-4M1型电视机尺寸便携化、造型高科技化、功能集约化的特点，以单机同时实现了电视播放和录像播放的功能（图4-19）。

　　索尼公司的电器设计在本阶段越发趋于圆熟，其设计风格逐渐形成了尺寸轻薄化、功能集约化、色彩冷澈化、造型高科技感的特征，这一特征首先反映在索尼公司的传统强项——收音机设计中。发布于1975年的索尼ICF-5900型收音机（图4-20），将其拥有的强劲功能通过仪表和标记集中反映于操作界面，加之搭配以充满金属光泽的喷涂效果，为这款拥有"天空传感器（Sky Sensor）"之称的5波段收音机

❶ 来源：Corriere.it

❷ 来源：Twitter（作者：@telewaifus）

❸ 来源：Pinterest

❹ 来源：Yahoo.co.jp

提供了匹配其精密结构的科技风格造型。发布于1976年的ICF-7500型
收音机则通过调谐器和扬声器可彼此分离的巧妙结构实现了操作的高
度灵活性，将旋钮整合于机体侧面，而机体正面仅仅以出音孔阵列形
成规整的方形饰面（图4-21）。与ICF-7500型收音机同年发布的FX-
300型多功能收音机"Jackal"整合了收音机、电视机、录音机等功能
（图4-22），当时的技术条件下将如此多功能集中在相当于一个中型音
响尺寸的机体内，这种以集约化的功能于结构设计实现产品小型化、便
携化的特色可谓典型的索尼设计风格。FX-300型多功能收音机因为当
时的技术条件尚不成熟，尽管在设计中强调便携性但仍稍显笨重，然而
当索尼公司不再激进地强调多功能时，便能做出其他媲美Walkman的优
秀设计。例如发布于1984年的ICR-101型收音机的尺寸仅如同一枚银
行卡（图4-23），但充电后可连续使用5个小时，令人惊异的便携性不
仅展现了结构设计的巧妙，也是索尼公司设计风格的集中表现。

图4-20　索尼ICF-5900❶

图4-21　索尼ICF-7500❷

图4-22　索尼FX-300型多
功能收音机❸

图4-23　索尼ICR-101型收音机❹

在日本个人与家用电器领域，索尼公司常被视为执日本工业设计
之牛耳的企业，松下电器公司、东芝公司、夏普公司、三洋电机公司、
日立公司等长期致力于电器设计的企业同样留下了无数经典且为人所
熟知产品。松下电器公司创办者松下幸之助较早意识到工业设计的重
要性，于1951年招徕真野善一至隶属于宣传部的新部门产品意匠科，

该部门1953年转为隶属于松下中央研究所的技术部门，以此为契机松下电器公司的工业设计不再仅仅局限于表面的造型，为了与不断开发的新技术和内部机构设计一体化，从开发阶段开始就要求设计师参与，以便他们加深对技术的理解和对制造工艺和生产成本的把握，并在此基础上提出更加具体的设计。1973年，产品意匠科更进一步改组为意匠中心，将设计提升至和公司总体经营方针直接相关的位置，设计师人数也超过了200人。

　　对于松下电器公司的设计理念，真野善一向下属宣扬罗维的"先进但可接受（Most Advanced Yet Acceptable）"原则，强调松下的设计应体现产品的适度新颖但不追求标新立异，并提出设计并非仅形塑产品的外表，而是将产品的使用方法与场景涵盖于其中的设计思想❶。总体来看，相较于索尼公司而言松下电器公司在一定程度上展现出如真野善一所说——适度新颖但不追求标新立异的风格，通过彩色和圆滑的线条等元素使各类产品富有亲和力和生活情趣，该公司发布于1977年的ES820型剃须刀（图4-24）、1980年的Technics SL-10型黑胶唱片播放机（图4-25）、1988年的SR-IH18型电饭煲均为这一设计理念下的代表性产品。尤其出色的是，发布于1988年的松下Piedra8 TH-8U1型电视机那非对称的有机造型颇似历经风吹水蚀的圆滑石块，其顶端的三抹手指形凹槽，颇具禅意和自然气息，显示出设计师希望让电视机融入日常生活的愿望（图4-26）。与同时期索尼公司推出的极度强调科技感和未来感的便携式电视机相比，更能体现出两个公司不同的设计哲学。

　　本时期以索尼公司、松下电器公司、东芝公司等为代表的日本电器企业虽然少有诞生自本土的纯粹原创型产品，但通过对欧美企业进行有针对性的技术追踪和迅速迭代，将其通过工业设计进行优化并迅速推向市场。美国IBM公司首先推出了用于商务的个人电脑，东芝公司则在此基础上于1985年发布了世界首款膝上型电脑T1100型（图4-27），而发布于1989年的东芝Dynabook J-3100SS型笔记本电脑和

❶ パナソニック ホールディングス株式会社.デザイン部門創設70周年記念企画 パナソニックのかたち[DB/OL].2022[2022-08-08].https://holdings.panasonic/jp/corporate/about/history/panasonic-museum/know-ism/archives/20220307_01.html#design/.

❷ 来源：大阪中之島美術館

❸ 来源：audio-high-store.com

❹ 来源：オークフリー

图4-24　松下ES820型剃须刀❷

图4-25　松下Technics SL-10型黑胶唱片播放机❸

图4-26　松下Piedra8 TH-8U1型电视机❹

图4-27　东芝T1100型笔记本电脑❶ 　　　　　图4-28　MVC-C1型电子静态照相机❷

NEC PC-9801N型笔记本电脑已经非常接近现在的笔记本电脑。与之类似，美国伊士曼柯达公司（Eastman Kodak）于1975年发明了世界上首款数码照相机，但最先将数码照相机实用化并推向市场的是日本企业。其中，索尼公司于1981年推出使用软盘进行模拟记录、名为"Mavica"的电子静态照相机的样机，通过和媒体合作首先在洛杉矶奥林匹克运动会上试用，在此基础上索尼公司于1988年推出首款家用电子静态照相机MVC-C1型（图4-28），此后1990年由富士胶卷公司所发布的FUJIX DS-1P型数码照相机继而登场。

自20世纪60年代反超德国同行后，至80年代为止日本照相机产业已经牢牢把握住了民用照相机市场，这不仅表现在占据了大量的市场份额，日本企业的地位和品牌形象也得到了显著改善。尽管直到20世纪60年代，日本国内林立的小制造商们还在为欧美公司生产贴牌产品，进入70年代后随着日本照相机品质的大幅提升，以佳能、尼康、奥林巴斯、宾得、美能达、柯尼卡等日本公司不断推陈出新，逐渐提升了"日本制造"在照相机领域的声誉。奥林巴斯公司继其轻薄型单反照相机"OM-1"之后，于1979年发布的以胶囊式造型闻名一时的照相机"XA"也是该公司设计师米谷美久的力作（图4-29）。另外，尼康公司于1980年发布由意大利汽车设计师乔治亚罗（Giorgetto Giugiaro，1938—）操刀设计的尼康F3型照相机（图4-30）❸，美能达公司则于1985年发布了获得众多奖项的世界首款自动对焦单反照相机"Minolta α-7000"（图4-31）❹。

与各公司不断在照相机技术层面精进的思路相反，富士胶卷公司于1986推出了QucikSnap型简易照相机这一具有颠覆意义的产品（图4-32），从某种意义上说与其将QucikSnap定义为简易照相机，不如将其视同为胶卷盒装上镜头或许更加准确。照相机一贯被视为精密机械，虽然技术的改进不断提升了成像品质，但与之对应的是其购买和使用的经济和技术门槛也在不断提高，富士胶卷公司却反其道而行之，用塑料和纸张构成

❶ 来源：PC Lab

❷ 来源：Musée français de la photographie

❸ ニコン株式会社.企業年表.[2022-02-11]. https://www.nikon.co.jp/corporate/history/chronology/1980/index.htm.

❹ Kenko Tokina会社.Camera History-ミノルタの歩み 1980年代-1985.[2022-02-11].https://www.kenko-tokina.co.jp/konicaminolta/history/minolta/1980/1985.html.

图4-29　奥林巴斯XA照相机 ❶

图4-30　尼康F3照相机 ❷

图4-31　美能达Minolta α-7000❸

图4-32　富士胶卷QucikSnap❹

包裹住胶卷的外壳，此外仅仅加上一个镜头，这种设计极大地增加了产品的亲和度，让人能够没有负担地随时体验拍照的乐趣。

　　本时期日本在家用电器方面的另一个重要贡献为家用电子游戏机的开发，尽管作为一个较为年轻的电器品类，直至20世纪80年代后日本企业才从对美国同行的模仿过程中逐渐摸索到自身的发展道路，但日本家用电子自80年代以来的发展与进化对日本制造的影响力在世界范围内的传播具有重要帮助。论及早期的电子游戏机，美国的美格福斯公司（Magnavox）于1972年发布了世界上第一款商业家用电子游戏机奥德赛（Odyssey），同年同样来自美国的雅达利公司（Atari）推出乓（Pong）型投币式街机和家用电子游戏机，日本最早的电子游戏机则为日本玩具制造商EPOCH公司于1975年推出的"电视网球（TV tennis Electrotennis）"，而该公司于1981年推出的第二代家用电子游戏机Cassette Vision已经拥有了不俗的销量。

　　1983年，任天堂公司发布家用游戏机"Family Computer（以下简称为FC游戏机）"，并邀请数家软件开发商合作开发基于DC游

❶ 来源：tunnel13.com

❷ 来源：Lomography

❸ 来源：kleinbildkam-era.ch

❹ 来源：Ljud & Bild

戏机平台的电子游戏，只需要更换游戏卡带即可体验多种不同的游戏。到1984年年底，FC游戏机已经成为日本市场上最畅销的家用游戏机，并于翌年推向欧美市场并大获成功。日本版FC游戏机是红白配合（图4-33），不仅便于插拔游戏卡带，而且可将游戏手柄插入其中，被中国用户称为"红白机"，而面向美国和欧洲的灰色机体则充满科技感。1990年任天堂推出了FC游戏机的下一代产品Super Famicom，日本版从红白配色改为灰色机体，而美国版则加入了紫色元素（图4-34），但最重要的设计改进是游戏手柄的造型开始引入人因工学的考虑，并且在食指触碰区加入了肩部按键，使手柄在体量不变的前提下增加了更多的操作——这种改变在人因工学上也是合理的。1989年任天堂公司发布的便携式游戏机"Game Boy"更是极大推动了游戏机在世界范围内的普及，甚至在相当长的时间内成为一种文化现象。客观来看，任天堂家用游戏机的真正成功之处不在于其造型，而是其平台上的各种游戏成为那个年代美欧日等发达国家的青少年乃至成年人的回忆，不仅成为日本拓展影响力的重要载体，也成为日本设计中以软件带动硬件发展的先声。

电子手表则是一个新的电子设备领域——尽管其雏形诞生于20世纪50年代，但经过瑞士、日本企业的开发，20世纪70年代液晶显示式电子手表方才问世。不同于石英谐振器和指针式表盘的石英电子手表，液晶显示式电子手表无须任何走动元件，成为一种全电子化的设备。日本精工集团早在20世纪50年代便投入手表的研发，1973年发布了05LC型（图4-35）、06LC型手表（图4-36），这些型号依然保留着传统手表的精密质感。发布于1979年的C359型手表在表盘上加入了微型键盘以用于电子计算；发布于1983年的M516型手表则在表盘中设置了扬声器，具备了录音与播放功能；发布于1983年的DXA001型手表、1984年的UC-2000型手表（图4-37）则成为这一风潮的最高峰。DXA001型手表不仅搭载了

❶ 来源：Microless

❷ 来源：Escola Educação

图4-33　任天堂Family Computer（日本版）❶

图4-34　任天堂Super Famicom（美国版）❷

图4-35 精工05LC型手表❶

图4-36 精工06LC型手表❷

图4-37 精工UC-2000型手表❸

计算器、广播功能，甚至设置了1.2英寸的微型屏幕用于播放电视节目，并可连接耳机；而UC-2000型手表不仅可以独立使用，还可以放入配套的键盘后输入电话号码和电子笔记、进行日历管理甚至玩游戏。随着时间的推移，精工集团使电子手表作为电子产品的属性越发明晰。

卡西欧公司作为20世纪70年代才进入电子手表领域的后起之秀，精准地抓住了用户对于电子手表"耐冲击、故障少"的需求，于1983年推出了其坚固型手表G-shock系列的第一款产品DW-5000并引起轰动（图4-38）。继方形表盘的DW-5000型手表问世之后，卡西欧公司1985年推出最早采用圆形表盘的G-shock系列DW-5400型手表（图4-39）。这两型手表因采用了悬浮构造的机芯和聚氨酯树脂材料的外壳而具有良好的坚固性，此外弯曲而半固定的表带及表盘外延的框架也起到了防撞击或摔落的作用。以这两型手表为代表，卡西欧G-shock系列基本的设计及结构特征得以确立并为后续产品所继承，现在G-shock系列已经是电子手表中知名度最高的常青树系列。

图4-38 卡西欧G-shock DW-5000型手表❹

图4-39 卡西欧G-shock DW-5400型手表❺

❶ 来源：Seiko Design
❷ 来源：Seiko Design
❸ 来源：pvsm.ru
❹ 来源：TIME+TIDE
❺ 来源：OTOKOMAE

从20世纪70至80年代开始，欧姆龙公司、松下电工公司（现并入松下公司）、夏普公司等企业陆续推出针对居家用户的健康管理电器，如电子体温计、超音波喷雾器、电子血压仪、步数计、电子体重仪、按摩仪、低频治疗仪等。尽管其中多数产品距离开发并推向市场的时间并不长，无论其作用原理还是产品造型仍然处于快速迭代期，但至80年代为止部分产品逐渐成熟，和现今同类产品之间的区别已经不大。例如，发布于1980年的欧姆龙MC-20型电子体温计实现了体积的小型化，发布于1988年的欧姆龙HEM-802F型数字自动血压仪一改传统血压仪将袖带气囊缠绕上手臂上进行测量的方式，将可调节的指环型测具套在食指上，通过加压后测量脉搏波的方式测量血压，实现了整体造型的便携化。

4.5　渐入佳境的交通工具设计

本时期日本的交通工具设计开始得到爆发式发展，其中汽车设计的发展得益于20世纪70年代两次石油危机所带来的低排量汽车风潮，日本汽车品牌在北美地区这一长期以来的第一大汽车市场上脱离了低端形象，逐步大众化的家用汽车让日本汽车品牌获得了宝贵的机会。电车设计的发展则应谈及20世纪80年代日本国有铁道公司的拆分与民营化，这在日本国内形成了多个大型私人铁路运营公司，在多个公司的独立运营乃至市场竞争下，更多形象的电车得以出现。

随着新干线0系电车因长期使用逐渐进入置换期，20世纪80年代作为其后继车型的新干线100系电车逐渐浮出水面。该车型由日本国有铁道公司开发，川崎重工业公司、日本车辆制造公司、日立制作所公司、近畿车辆公司等企业负责生产。设计方案由各制造公司各自提交，再由国有铁道公司车辆设计事务所内设立的车辆设计专门委员会讨论决定。该委员会包括工业设计师手钱正道（Masamichi Tezeni，1935—2005）、室内设计师松本哲夫（Tetsuo Matsumoto，1929—）、汽车设计师木村一男等成员。

根据该委员会决定，车头、餐车等和电车整体形象关联较大的部分采用了近畿车辆公司的设计方案，总体设计方案由国有铁道公司内部的设计师担纲。新干线100系电车在继承了新干线0系列车总体形象的同时，最显著的差异在于其线条更加锐利而富有速度感的流线型车头，线性的前照灯，以及双层的车厢（仅部分车厢为双层），并对车体进行了外形平滑化和结构轻量化的改良设计（图4-40）❶。新干线100系电车于1982年投入使用，在1987年的日本国有铁道公司被分割并民营化后，由东海旅客铁道公司（JR东海）和西日本旅客铁道公司（JR西日本）继承并沿用至21世纪。

尽管在日本国有铁道公司时代，新干线0系、100系等电车主要由

❶ 鶴田仁.100系新幹線電車の車両構造（交通システムの新しい技術＜特集＞）[J].日立評論,1986,68(3):199-204.

内部设计师担纲设计工作，自国有铁道公司被分割为JR东海、JR西日本等七家民营铁道公司之后，电车的设计工作多交由独立的设计公司来负责。例如户谷毅史（Takeshi Toya，1957—）、手钱正道等人参与创立的交通工具设计机构（Transportation Design Organization，以下简称为TDO），其中除了在学生时代便设计了铃木汽车公司LOGO后进入日产汽车公司设计部门的手钱正道以外，TDO内部的木村一男、福田哲夫（Tetsuo Fukuda，1949—）等设计师均有任职于日产汽车公司设计部门的经验。TDO成立之初即设计了东日本旅客铁道（JR东日本）的首型观光专用特快列车251系电车（图4-41），前端微微凸出并向下收拢的车头如领首的野兽，车身两侧加高加宽的车窗呈现出通透敞亮的形象，该车型的成功运营开启了20世纪90年代以来各型观光电车快速发展的进程。

图4-40　新干线100系电车❶　　　　　图4-41　JR东日本251系电车❷

　　丰田汽车公司为了满足其最大海外市场美国对于汽车设计的需求，于1973年10月在美国加利福尼亚成立了设计研发中心Calty Design Research并将其作为重要的设计中心，其中第二代Celica，第一代Esitima以及第三代Soarer等车型都诞生于这里，此后于1986年5月在名古屋市设立了丰田汽车公司在日本国内的首个独立的设计公司Tecno Art Research。经过20世纪60、70年代的经济高速发展，进入80年代后日本国内汽车市场已经高度成熟化和多样化，丰田汽车公司在设计中对于高科技元素的使用也越发娴熟。其代表性的车型有1981年2月发售的双门轿跑Soarer，该车不仅通过空气动力学辅助车身设计以提高燃油效率，也采用了电子仪表盘和独立控制式车载空调等崭新的内饰设计，该型车一改汽车爱好者们对于丰田品牌所持的"中庸""无聊"等印象，在很大程度上扭转了其声誉。此后随着日本泡沫经济时代的来临，日本国内市场的消费能力急剧上升，对于高级轿车的需求日益扩大。面对新的形势，丰田汽车公司认为需要比公司的高端车型皇冠更具高级感的新品牌，因此于1989年发布通过高品质的设计追求加速

❶ 来源：smizok.net

❷ 来源：JapaneseClass.jp

性和静谧性的Celsior，在日本国内获得了超出预期的极大关注，同时以雷克萨斯LS400之名投放美国市场。

本时期的日产汽车公司则陷入停滞，尽管因公司持续在研发领域发力使"技术日产"的美誉得以保持，诞生了众多令人印象深刻的车型，但相较于丰田汽车公司高度体系化的宣传和销售网络，日产汽车公司的销量往往居屈人后。早在1970年推出的第二代达特森阳光就获得了良好的市场反应（图4-42），一方面在升级引擎的同时保持了车体的轻量化设计从而维持了良好的行驶品质，另一方面在保留第一代阳光方正车体设计的基础上提升了车身尺寸，此外良好的燃油经济性迎合了第二次石油危机后日本和北美市场的节能需求。1973年公司发布了第三代达特森阳光，此款延续了本系列的辉煌，并对车窗下沿、腰线和车位等处的轮廓进行了曲线化处理（图4-43）。其轿跑版本的车尾部分配置的三灯组圆形车尾灯成为其设计中的最大特色，仿佛火箭喷射口般的造型为该型车赢得了"火箭轿跑"的别称（图4-44）。考虑到北美市场的因素，第三代达特森阳光设计了更具有美式风格的车前脸造型，但总体而言，全车整体依然显示出传统日系轿车的方正、紧凑风格，节制的差异化设计成为第三代达特森阳光赢得市场认可的关键因素。

然而，本时期出于对北美市场的重视，日产汽车公司在设计方面的激进程度逐渐超出了主流市场的接受范围。发布于1973年的第四代达特森蓝鸟相较于其前代车型采用了更大尺寸的平台和更加北美化的造型，更加强调豪华感。第四代蓝鸟的诸多分型号及中期改款型号造型差异较大，其中尤以采用直列六缸引擎的GT版本最具特色（图4-45），双灯组的前照灯搭配对称的进气格栅，不仅使其前脸具有如同庞蒂亚克GTO般的侵略感，同时前脸的细节搭配注重曲线感的车身又使其颇有BMW 3.0CS系列般兼具奢华感和运动感。其狰狞的前脸形式、流线型的车身曲线，以及使用线条细节加以装饰的引擎盖和翼子板，使该车型被戏称

❶ 来源：モビー

❷ 来源：ビークルズ

图4-42　第二代达特森阳光 ❶

图4-43　第三代达特森阳光 ❷

图4-44　第三代达特森阳光轿跑版❶

图4-45　第四代达特森蓝鸟GT版本❷

为"鲨鱼"。尽管其造型受到部分汽车爱好者的赞赏，然而脱离了日本主流市场的中庸审美使其在销量上被同时代的竞争对手卡罗拉反超。

　　继第四代达特森蓝鸟之后，日产汽车公司发布的轿车的造型设计向美国肌肉车靠拢的趋势越发明显，这种设计风格在1975年发布的第二代日产Silvia上表现得淋漓尽致。第二代日产Silvia尽管沿用了第三代阳光的平台但造型缺乏必要的节制，积极靠拢美式肌肉车的车灯和进气格栅设计，强调力量和速度感的溜背及肩线、腰线轮廓，无不透露着明显的美式气息（图4-46、图4-47）。尽管从美学角度令人印象深刻，强调运动型的驾驶舱和绿色的织物座椅颇为精美（图4-48、图4-49），但极其惨淡的销量却成为日产汽车公司在本时期的重大挫折。公司此后推出的车型均开始采用强调直线的方正造型，除了1976年发布的第五代达特森蓝鸟在车身侧窗下沿还残留有少许曲线以外，1977年发布的第四代达特森阳光、1979年发布的第三代日产Silvia和第六代达特森蓝鸟，1981年发布的第五代日产阳光等主力车型清一色地采取了非常纯粹的方正造型。这种设计风格的改变固然和同期欧美汽车制造商的设计取向保持了一致，然而除了第三代日产Silvia通过匀称的比例展现出良好的速度感和科技感

❶ 来源：ビークルズ

❷ 来源：ビークルズ

❸ 来源：カーミー

❹ 来源：名车文化研究所

图4-46　第二代日产Silvia（前）❸

图4-47　第二代日产Silvia（后）❹

以外，本时期该公司部分车型的设计在一定程度上丧失了识别度。

1981年日产汽车公司将其出口汽车的品牌统一为"日产（NISSAN）"，以往主要面向轻型车市场的"达特森"品牌被并入其中。随着20世纪80年代人均收入的持续提高，以追求更高生活品质为核心的高级轿车风潮逐渐兴起。尽管1979年推出的初代日产Leopard通过其先进的技术、修长的车身展现出从容与奢华的气度（图4-50），并推动了高级轿车这一概念的发展，然而在高级轿车领域却面临着强劲的对手。丰田汽车公司的多车型战略及其一贯擅长的市场营销手法使其从80年代中期起后来居上，尤其是被许多公司用作公车的丰田皇冠拥有优良的品质和良好的声誉，随着白色涂装的流行使其展现出有别于黑色公车的形象，白色涂装的第七、八代丰田皇冠及其他丰田四开门式大型轿车因其兼具轻松的浅色外观和高级的车身质感迅速占领了高级轿车领域的市场份额（图4-51）。

面对自身在国内的市场份额不断下降的困境，日产汽车公司开始了所谓"901运动"，即把"到20世纪90年代末为止成为世界技术第一（的汽车制造商）"作为公司目标的活动，对技术、设计和品质进行全面提升。作为这一运动的成果，日产汽车公司在80年代末90年代初

❶ 来源：GAZOO
❷ 来源：GAZOO
❸ 来源：レスポンス
❹ 来源：栃木トヨタ

图4-48　第二代日产Silvia（驾驶舱）❶

图4-49　第二代日产Silvia（内部空间）❷

图4-50　初代日产Leopard❸

图4-51　第七代丰田皇冠❹

陆续推出了初代日产西玛（Cima，图4-52）、第二代日产Leopard、第五代日产Silvia、第六代日产Laurel、初代日产March等名车。其中推出于1989年的日产西玛作为高级迎宾车型，其宽大威武的进气格栅、舒展颀长的车身线条、敞亮典雅的车内空间营造出一派雍容华贵气质（图4-53），使其视觉的高档感甚至不逊于初代别克Roadmaster、第二代水星Grand Marquis等中端豪华品牌旗下的顶级车型——尽管事实上这些车型的尺寸高于西玛一个等级。日产西玛这样的高档车型尽管价格昂贵，但依然受到市场青睐并斩获高销量，甚至出现了所谓"西玛现象"一词，可谓是日本泡沫经济破灭前的最后狂欢。

第八代日产Skyline和第五代日产Silvia则均以长首短尾、窄长的车灯和前网，以及平滑修长的车身线条营造出属于那个时代的运动轿车气息。其中第八代日产Skyline的红色圆形双灯组车尾灯格外具有辨识度（图4-54、图4-55），首次出现于第三代日产Skyline GT-R版本上并被第四至第七代日产Skyline所继承，尽管其双灯组车尾灯的形状、装饰等细节一直有所变动，至第八代日产Skyline双灯组车尾灯样式得以固化并为第九、第十代车型继承。尽管此后几代日产Skyline未再使用此种车灯设计，但此后随着第六代日产GT-R的出现，该尾灯的设计再次得以复活。

❶ 来源：カーデイズ
マガジン

❷ 来源：ameblo.jp

❸ 来源：GAZOO

❹ 来源：ビークルズ

图4-52 初代日产西玛❶

图4-53 初代日产西玛内饰❷

图4-54 第八代日产Skyline（前）❸

图4-55 第八代日产Skyline（后）❹

　　20世纪70年代是本田技研工业公司进入主流汽车市场的重要转折期，其中一个关键车型是发布于1972年的紧凑型轿车本田思域（Civic，图4-56）。尽管直至20世纪70年代初美国的流线型车身设计依然对日本的汽车设计产生着重要影响，但负责思域设计的岩仓信弥（Shinya Iwakura，1939— ）却毅然决定采取实用小巧、以直线为主的简约设计，并通过对车身结构和内饰设计孜孜不倦的研究探讨，实现了以小车身尺寸获得大空间印象的目标❶。思域在1972—1974年的三年间连续被评为日本年度车型，然而其成功不仅在于干练的外观设计和出人意料的内部空间，其发售翌年第一次石油危机爆发所造成的油价上升和经济衰退是本田思域热销的重要外部原因。无论在日本国内还是北美市场均出现了大量用户将既有大型轿车换成本田思域的现象，因此该车型的成功可以理解为缜密细致的设计与剧烈变动的市场在偶然因素催化下的必然结果。此后衍生车型的不断推出以及1979年造型更加方正犀利的第二代车型的诞生，使思域成为本田技研工业公司在紧凑型轿车市场的王牌车型。

　　相较于品牌和技术积累更加雄厚的丰田汽车公司和日产汽车公司这两大巨头，本田技研工业公司进入中高级家用轿车的时机晚了很多，迟至1974年才决定开发比思域高一个档次的新中型轿车。面对当时资金并不充裕的境况，公司确定了新中型轿车的设计方针——沿用思域包括引擎在内尽量多的零部件，并让其造型比思域更显高档。换言之，其高档感将几乎全部通过工业设计加以表现。开发团队从"易用、时尚、运动"概念出发，采用了精悍的双灯组前照灯，以冲压线的立体造型为主要特征的引擎盖。并且针对预期的主要市场——北美市场加入了美国化的舒展车身设计，内饰则以驼色为主以表现典雅、舒缓、开阔的居住空间特色，配合以本田率先采用的动力转向装置、冷热一体空调，让全车洋溢着面向中产阶级的高级感。新中型轿车被命名为雅阁（Accord），1976年上市并于当年即获得日本年度车型奖（图4-57）。最先发布的雅阁为三门掀背版，次年其四门版车型上市并获得更多关注，该车型日后被系列化并成为本田的主力全球车型，被全世界的汽车消费者们视为中型轿车的典型代表。

　　除了丰田汽车公司、日产汽车公司、本田技研工业公司三个主要的汽车制造商，以马自达公司、斯巴鲁公司为代表的中小型汽车制造商也逐步确立了设计风格，马自达RX-7即为本时期的代表之作。该车搭载了经过优化的12A型双转子发动机以满足更为严格的排放标准，车辆工程师基于转子发动机结构小巧的特点，大胆采用前中置发动机布局以实现低矮犀利的车身造型。此外RX-7独树一帜地采用翻转式

❶ 岩仓信弥，郑振勇.精益制造018：本田的造型设计哲学[M].北京：人民东方出版社,2013:56—61.

图4-56 初代本田思域 ❶

图4-57 初代本田雅阁 ❷

图4-58 第三代马自达Cosmo ❸

图4-59 第三代马自达Cosmo内饰 ❹

前照灯，而其粗壮C柱以及曲面后窗则继承自Cosmo Sport的设计元素。1981年的第三代Cosmo则以楔形车身为基础展现出极富特色的高科技风格（图4-58），由毕业于多摩美术大学、曾任职于欧宝公司的马自达设计师河冈德彦（Norihiko Kawaoka，1943— ）担纲其造型设计❺。除了应用涡轮增加技术的新型转子发动机，第三代Cosmo还因其低矮车身实现了业界领先水平的低风阻系数，作为一款性能优秀的运动型轿车尽管其造型较为简洁，但凌厉的车身线条、方正的翻转式前灯、几何形开孔的平面轮毂显示出仿佛来自未来的科技美感，线条规整简约的方向盘、新潮的电子仪表、矩阵式中控面板有如同时期享誉世界的日本家电产品一般，展现出与车身造型相符的高科技风格（图4-59）。

此外，本时期活跃的日本汽车设计师还包括毕业于多摩美术大学并长期任职于德国汽车制造商欧宝公司的儿玉英雄（Hideo Kodama，1944— ），其主要作品包括欧宝公司发布于1977年的Rekord E、发布于1979年的Kadett D、发布于1993年的第二代Corsa B等，几乎全部的设计生涯均在欧洲度过，可谓日本汽车设计师中的特例。青户务（Tsutomu Aoto，1943— ）与儿玉英雄、河冈德彦一样，均于1966年毕业自多摩美术大学立体科（现产品设计专业），除了曾几度在本田技研

❶ 来源：ビークルズ

❷ 来源：イキクル

❸ 来源：シトラス

❹ 来源：ビークルズ

❺ 日经设计，广川淳哉.马自达设计之魂：设计与品牌价值[M].李峥，译.北京：机械工业出版社，2019:205-209.

工业公司担任设计工作外，自20世纪70年代的七年时间里与其大学同学儿玉英雄、河冈德彦均任职于欧宝公司设计部，成为日本汽车设计界的一段佳话。

本时期日本汽车产业一方面通过成功研发、设计和经营逐步在全球市场占据重要地位，另一方面则实现了从出口产品到塑造品牌的过渡。进入20世纪70年代后，丰田、日产、本田三大主要日本汽车制造商在北美市场的销量不断攀升，至70年代末前述三巨头已经超过了德国大众公司成为美国市场上销量最高的几大进口品牌。日本汽车产业的成功源于日本政府的出口扶持政策以及日本汽车制造商对研发与经营的大力投入，也与外部因素密切相关。两次石油危机导致世界能源价格攀升，美国被迫于1978年立法要求各汽车制造商将其新生产的车型控制在平均油耗13升/公里，到1985年则要求进一步降为8.5升/公里的水平。此举迫使习惯于制造高油耗、大排量的美国汽车制造商更新产业的规划与研发，从而严重迟滞了产业的发展步伐。长期钻研小型化、低油耗车型的日本制造商由此获得空前有利的外部环境，不仅丰田卡罗拉、日产阳光、本田思域等紧凑型轿车大获成功，以节油耐用为特点的丰田凯美瑞、本田雅阁等中型轿车也陆续在美国市场站稳脚跟。

进入20世纪80年代，随着美日贸易冲突的激化，日本被迫以"自愿"的方式减少对美汽车出口，但随着汽车开发与制造经验的不断积累，此时的日本汽车产业已经具有了不逊色于欧美的技术，并开始逐渐意识到品牌效应的重要性。在对美汽车出口受限和日本经济蓬勃发展的背景下，丰田汽车公司、日产汽车公司、本田技研工业公司等主要日本汽车制造公司先后开始赴美设厂，并以美国市场为目标建立各自的高端品牌雷克萨斯、英菲尼迪和讴歌，使日本汽车产业步入重视品牌效应的佳境。

例如，本田技研工业公司发布于1990年的NSX型跑车（图4-60）以对标法拉利328等高性能跑车为目标开发，大量采用该公司在一级方程式赛车上应用的技术，其造型灵感来自美国F16战斗机，相较于传统高性能跑车强调在人因工学上改善驾驶者的舒适度及视野，并为了兼顾车身刚度及重量成为世界首款采用全铝车身的超级跑车，塑造出奢华、运动的形象——本田技研工业公司将这一车型冠以其豪华品牌讴歌在北美市场出售，为讴歌品牌形象的塑造发挥了重要作用。雷克萨斯LS400则体现了丰田汽车公司在营销和设计领域的成就。面对美国进口豪华车市场长期由德国独占的局面，丰田自20世纪80年代前期起，经过长期的市场调研发现，可以从静谧性、舒适性、高品质

图4-60　初代本田NSX❶

图4-61　初代雷克萨斯LS400❷

的角度切入。于是丰田开发了具有高度静谧性的"1UZ-FE"型V8引擎，将其搭载于面向北美市场新开发的新型豪华轿车上并命名为雷克萨斯LS400（图4-61）。该车经历了精密的车体设计和工艺提升，车身风阻系数、零件耐锈蚀程度、车窗夹胶玻璃的隔音性等方面均有大幅度改进。在针对北美市场投放的电视广告中，丰田汽车公司将雷克萨斯LS400停于马力机上，并在引擎盖上摞起5层的香槟塔，之后启动引擎并加速至车速超过200km/h而香槟塔纹丝不动。通过一个电视广告让大量北美富豪将购买目标从德国豪华车转向新生的雷克萨斯品牌，在工业设计和广告两个领域均留下了经典案例。

4.6　工业设计风格的形成——轻薄短小

"轻薄短小"一词大约于1982年开始出现于日本的大众媒体，但从设计实践来看，日本在20世纪70年代的电器设计中已经明显出现了这一趋势。其背景在于以家电为代表的大量新型产品进入传统的生活空间，置物空间的减少对各类产品的小型轻量化提出要求，幸运的是由于那个阶段电子技术的快速进步，保持原有性能这一前提下的小型化成为可能，并通过设计师之手实现在以个人与家用家电为代表的产品中❸。除了生活方式和技术条件等外部因素，传统的思维方式使日本设计师们在面对相似的社会背景与技术条件时领先于他们的欧美同行。早在明治时代手岛精一创立东京高等工业学校工业图案科时，任职于该科的安田禄造（后任东京高等工艺学校校长）谈及日本设计教育时就表示"我国产业技术的特质在于产品的美学表现和精密化，因此需要对此有所助益的独特工艺教育"❹，换言之，日本传统文化中存在着追求精密美感的传统，因此轻薄短小的设计风格符合日本人自古以来以小为佳的思考方法❺。

轻薄短小的电器设计首先出现在以收音机、照相机、便携式电视

❶　来源：Web Cartop

❷　来源：モビー

❸　井村五郎.工業製品の形態用語：「軽薄短小」(デザインの用語について考えること：会員からの寄稿論文,＜特集＞第4回春季大会 テーマ/用語を通してデザインを考える－回顧・現状・展望)[J].デザイン学研究,1983(42):249.

❹　出原栄一.日本のデザイン運動：インダストリアルデザインの系譜[M].東京：ぺりかん社,1992:73.

❺　猪谷聡.＜図書紹介＞日本貿易振興機構（ジェトロ）展示事業部編『DNA of JAPANESE DESIGN「日本デザインの遺伝子展」の記録』[J].デザイン理論,2007,51:98-101.

机，以及此时问世不久的笔记本电脑等用于娱乐或工作的电器中。也正是在这个时期，白色家电、黑色家电等称呼在日本媒体上反复出现，并在这个时期形成了一种约定成俗的分类方法。"白色家电"一词为英语"white goods"的翻译，战后随着驻日美军引入其所用家电、器具，包括冰箱、洗衣机、空调等帮助人们操持家事、减少生活负担的家务用电器以白色居多，源于美国该类产品的传统，并被以模仿美国原型产品发展而来的日本企业所继承❶，而以电视、收音机等为代表的娱乐用电器则在这个时代逐渐确定了其以黑色为主的外观，故被称为黑色家电❷。随着家用电器外观色彩的逐渐固化，对白色家电与黑色家电的认识逐渐在日本社会普及，一方面成为对家用电器分类的常见方法，另一方面该认识在总体上形塑了家务用电器和娱乐用电器的色彩设计取向。

需要指出的是，被分别归入白色家电和黑色家电的某些家用电器根据其产品的发展演变和市场环境，在其出现之初或者进入某个阶段后，原本的色彩设计不再符合其所属类型的情况较为常见，例如属于白色家电的空调即为典型代表。从1952年日立公司推出日本第一台窗式空调EW-50型空调开始至20世纪60年代中期，日立公司为代表的日本企业所设计的空调多呈青蓝色或灰色❸。然而，1975的日立RAS-2201Y型节能空调、1978年的日立RAS-2201WSL型微电脑空调、1980

❶ 伊藤潤.「白物家電」の誕生：20世紀の日本における主要工業製品色の変遷(1)[J].芸術工学会誌,2017,74:92-99.

❷ 伊藤潤.日本の住宅内外の家電製品とその色の変遷[D].東京大学,2018.

❸ 伊藤潤.日本の住宅内外の家電製品とその色の変遷[D].東京大学,2018.

❹ 来源：建築設備SetsuBit

图4-62　东芝RAS-225PKHV型空调❹

年的日立RAS-2207WLL型冷暖干燥三用空调❶、1981年发布的东芝RAS-225PKHV型变频空调（图4-62）❷等重要的革新型产品不仅各自在技术层面实现了重要突破，其造型设计也不约而同采用木色调的家具风格。进入80年代中后期，各公司又陆续转向以白色为主的设计风格❸。

无论是白色家电还是黑色家电，日本企业的设计均显示出轻薄短小的设计风格。通过对于轻薄短小的追求，设计师不仅为各类家电提供了更为良好的使用体验和更为广阔的使用场景，也更容易在某一类产品中整合更多的功能，这有助于形成功能丰富、技术先进的印象，换言之，轻薄短小的设计风格往往含有高科技风格的内涵。这一风格最早出现在索尼公司、松下电器公司等企业于20世纪60年代推出的一系列家电产品中，随着电子技术更为广泛地应用，这一设计风格不再限于传统的个人和家用电器，甚至对于电子手表这样小体量的产品，设计师依然尝试将多种功能整合于一体。卡西欧公司发布于1987年的"JP-100"型手表可通过将手指置于光传感器上测量脉搏，1992年的"BP-100"型手表则可通过光传感器实现对血压的测量，20世纪80年代的产品已经在思考如何实现数十年后智能手表才具备的功能，给人以超越于那个时代的高科技感。

"轻薄短小"的另一层含义可被视为对消费思潮膨胀的商业主义的反思，在20世纪50年代末直至1972年为止，这一阶段日本逐渐摆脱了战后贫穷落后的面貌，蒸蒸日上的经济形势使日本的中产阶级迅速壮大，人人都迫不及待地享受着收入迅速增长所带来的收益。进入20世纪70年代后，唯经济论带来的社会公害和石油危机造成的经济停滞让日本人明白粗放式增长无法持续，必须在能源、资源和环境可以承受的范围内进行生产和消费，因此其设计从生产导向转向技术导向，以家用电器和乘用车为代表的工业产品出现了轻量化、节能化、集约化的特征。

❶ 日立グローバルライフソリューションズ株式会社.エアコンヒストリー[DB/OL].[2022-08-09]. https://kadenfan.hitachi.co.jp/ra/history/pro.html/.

❷ 株式会社東芝.東芝未来科学館 世界初の家庭用インバーターエアコンの開発[DB/OL].[2022-08-09]. https://toshiba-mirai-kagakukan.jp/learn/history/ichigoki/1981aircon/index_j.htm/.

❸ 伊藤潤.日本の住宅内外の家電製品とその色の変遷[D].東京大学,2018.

大事记

1973年 国际工业设计协会（ICSID，现世界设计组织）于京都召开年度大会；第一次石油危机爆发；工艺财团创设国井喜太郎产业工艺奖；本田技研工业公司发布初代环保型乘用车"Honda Civic"。

1974年 日本成为世界最大的汽车出口国；《工艺新闻》杂志休刊。

1975年 传统工艺品产业振兴会设立；日本产业设计振兴会设立地方产业设计开发中心，开始实施"地方设计开发推进制度"；大阪设计事务所协同组合（ODOU）成立；山阳九州新干线开通；东京艺术大学设计学科开设；筑波大学艺术专业学群开设。

1976年 日本标准产业分类中新设"设计产业"项目；日本设计师与工匠协会改称为日本工艺设计协会（JCDA）；"每日产业设计奖"改称"每日设计奖"；东急HANDS公司创立。

1978年 日本图形设计协会（JAGDA）成立；世界工艺会议（WCC）于京都举办；夏普公司发布首款搭载画中画功能的电视"CT-1804X"。

1979年 传统工艺品产业振兴会设立工艺中心；国际设计会议（IDC）以"日本与日本人"为主题于美国阿斯彭召开；索尼公司发布随身听"Walkman"。

1980年 第一届日本文化设计会议召开；日本文化设计会议组织（现日本文化设计论坛）成立；优良设计选定制度新设优良设计大奖和Long Life特别奖；日本年度汽车选定制度"Car of the Year, Japan"开始；日本符号学会成立；个人电脑开始普及；良品计划公司创立。

1982年 联合国宣布1983—1992年为"联合国残疾人十年"；"轻薄短小"这一表述开始出现于大众媒体；东北上越新干线开通；NEC公司发布个人电脑"PC-9801"。

1983年 国际设计交流协会设立；日本电脑图形协会设立；卡西欧公司发布电子手表"G-Shock"；任天堂公司发布家用游戏机"Family Computer"。

1984年 优良设计选定制度将所有工业制品纳入选定范围，并新设消费者推荐制度；日本改建中心设立；东洋工业公司更名为马自达公司；日本服装品牌"UNIQLO"设立。

1985年 日本成为世界第一出口大国；国际科学技术博览会于筑波召开；《广场协议》签订；冲绳县立艺术大学设立。

1986年 产业构造审议会发表《80年代的通产政策愿景》。

1987年 日本建筑家协会（JIA）成立；大创产业公司设立"100日元商店DAISO"。

1988年 设计奖励审议会发表《90年代的设计政策》；日本设计保护机关联合会改组为日本设计保护协会（JDPA）。

1989年 名古屋发布《名古屋设计都市宣言》；国际工业设计协会于名古屋召开年度会议；世界设计博览会于名古屋召开；符号创作者协会（SCA）成立；任天堂公司发布便携式游戏机"Game Boy"。

1990年 日本文化设计论坛（JIDF）成立。

第5章
日本后泡沫经济时代的工业设计
（1991—2006年）

泡沫经济的崩溃可谓日本战后经济史上最重要的事件之一，对日本的影响延续至今。凭借战后四十余年的技术、教育和人才积累，20世纪90年代的日本工业设计非但未呈现衰落反而迎来一个成果颇丰的时代。家用家具展现出重视感性及文化要素的同时，办公家具的科技色彩日益浓厚；以技术迭代为引导的家电设计依然站在世界各国的前列；交通工具设计领域名作迭出，各领风骚的多型电车设计、汽车设计也延续了一贯的高水准。然而，以技术迭代为引导的家电设计尽管依然站在世界各国的前列，进入21世纪后却开始在激烈的国际竞争中初现颓势。此时的日本工业设计在延续高科技风格的同时出现了一些强调感性的设计，总体上维持了一贯的高水准。然而在一片繁荣的光景下，数字与互联网技术的发展、韩国与中国制造业的崛起已经开始蚕食日本制造业的根基。

5.1　后泡沫经济时代的设计行政

自《广场协议》签订后日元快速升值，错误的财政政策导致的资产泡沫终于在1991年破裂，翌年日本开始出现就业危机。与此相对应，日本设计从业人口经过自20世纪70~80年代的快速增长，在1990年达到约15.7万人的高峰，约为1975年时从业人口的两倍，但此后开始连年下降，至1995年仅为15.2万人，此后才开始缓慢回升。与此同时，非传统领域的设计开始发展壮大，例如随着网络信息技术发展而诞生的电子交互界面设计、网站设计、CG设计等客观上拓展了设计产业的发展空间。设计产业的变革也反映到了政府行政层面，出口检查及设计奖励审议会于1993年阐述设计振兴政策时，认为设计和"心灵、感性和文化等高层次的精神活动"紧密相连，并提出应该通过设计实现"生活价值的创造、社会价值的实现和个人身份的确立"，显示出日本在设计政策的制定中对于精神、感性层面要素的进一步重视。

本时期日本设计行政的重心开始转变，自1958年新设通商产业省设计科并将专利厅的附属机构意匠奖励审议会转交设计科分管后，意匠奖励审议会及其发展而来的出口检查及设计奖励审议会一直承担着制订和推行日本设计产业政策的任务，随着日本制造及日本设计在国际市场已拥有良好的声誉，立法目标业已实现的《出口检查法》与《出口商品设计法》于1997年废除，优良设计选定制度也于1998年被民营化并改为"优良设计奖"，奖项的组织评选工作交由日本产业设计振兴会负责，而出口检查及设计奖励审议会则于同年被废除。

在此之前的1993年，产品科学研究所被拆分后并入物质工学工业技术研究所和生命工学工业技术研究所。至此，自1928年诞生的商工省工艺指导所，经过1952年更名为产业工艺试验所，1969年改组并更名为产品科学研究所后不再是一个针对设计与工艺进行研究的独立机构❶。2001年，随着日本政府对中央各省厅（相当于我国政府的部）进行改革再编，经济产业省、国土交通省、厚生劳动省、总务省等新部门纷纷成立。其中物质工学工业技术研究所和生命工学工业技术研究所与其他研究所一起被并入新成立的产业技术综合研究所（AIST），新成立的研究所的主要业务范围涵盖能源与环境、生命科学、电子与制造、信息与人机工学、材料、地质、标准与测量七大领域，除了针对前述领域进行科学研究之外，还负责技术咨询、技术转移、创业支援、标准制定等工作，与工业设计的直接关系已经微乎其微，不再被认为具有工艺管理、设计支援等作用。同年，中央省厅的改革过程中通商产业省被改组为经济产业省，此后日本设计行政的主导单位变为隶属于经济产业省的设计政策科。

1992年国际设计中心在名古屋市的设立是本时期日本设计行政的重要成绩，其由来应追溯至1989年的《名古屋设计宣言》，日本通商产业省与名古屋市政府利用"世界设计会议ICSID'89名古屋"的机会，试图将名古屋这个日本第三大城市建设为以设计为特色的文化都市。1992年由爱知县、名古屋市以及民间企业三方共同出资建立日本首个国际性的综合设计机构——名古屋国际设计中心（IdcN，图5-1）。作为名古屋市深入发掘"世界设计会议ICSID'89名古屋"以及世界设计博览会所遗留影响、深入打造设计都市的施政策略，自1989年至1997年名古屋市连续举办名古屋国际双年展，作为双年展传统的继承。1999年成立名为"Media Select"组织并持续举办展览和研讨，并在2002年的电子艺术研讨会"ISEA2002名古屋"中发挥重要作用❷。

至20世纪90年代为止，日本的设计产业政策为日本制造和日本设计的崛起乃至品牌效应的形成发挥了重要作用，然而进入21世纪后，随着以中韩为代表的亚洲企业的快速崛起，日本政府认识到在技术上较为成熟的领域中实现产品的差别化越发困难，故以追求产品高附加值化、构筑品牌差异化作为维持产业竞争力的主要策略。2002年7月

❶ 堀田明裕.製品科学研究所におけるデザイン用語の変遷（デザイン用語の変遷：教育・研究機関における年譜をめぐつて，<特集>第4回春季大会 テーマ/用語を通してデザインを考える−回顧・現状・展望）[J].デザイン学研究,1983(42):72-76.

❷ 芸術工学会地域デザイン史特設委員会.日本・地域・デザイン史II[M].東京：美学出版社,2016:140-144.

图5-1　名古屋国际设计中心内的设计展览 ❶

召开的知识产权战略会议所确定的知识产权战略大纲提出了"支援优秀的设计与品牌的创造"和"对设计和品牌进行战略性使用"的目标，并积极考虑具体的设计策略。经济产业省在2003年2月设置"战略性设计使用研究会"，召集来自大学、企业、媒体及其他相关组织的专家以提升产业竞争力为核心对必要的设计策略进行研讨，最终确定对设计进行一系列支援措施。

自2004年起，经济产业省、国土交通省、厚生劳动省、文部科学省四部门开始联合主办日本造物大奖，用以表彰在社会、产业、文化、技能等领域对日本制造业做出重要贡献的个人或组织。日语"造物"一词的意思和"制造"接近，其应用范围接近"制造产业""加工工艺""材料技术"，尽管根据其语境与设计存在一定关联但并不密切。事实上自2004年日本造物大奖设立至2007年的第四届评选中，设计的存在感并不强。从2008年的第五届评选开始，设计师及相关的企业、团体的存在感明显增加。

例如，第五届造物大奖评选中，TOTO因其面向东南亚市场设计的非电动温水冲洗便座"Eco Washer"获奖，能作公司因其将高冈铜器的铸造传统与锡的材料特性进行融合所设计的可弯曲餐具获奖；第六届造物大奖评选中，冈本商店公司因其改进久留米绊 ❷ 的工艺并应用于服装和日用品而获奖；第七届造物大奖评选中，马自达公司因其"魂动"设计理念获奖，杢目金屋公司因其将江户时代制作武士刀护手所用的"木目金"工艺应用于现代首饰设计获奖；第八届造物大奖评选

---

❶ 来源：名古屋コンシェルジュ

❷ 日本福冈县筑后地区的一种传统棉织布料，以蓝染花纹为主。

中，Melody International 公司因其设计的可穿戴式胎儿监控仪获奖，协
友公司因其利用宫城县产石材"雄胜石"设计出拥有独特质感的酒
具获奖。

2006 年，经济产业省为了提振日本产品的竞争力，尝试通过提倡
"新日本样式（Japanesque Modern）"，即融尖端技术和日本人审美意识
及文化特色于一体的设计基准，并选出了 100 种有形或无形的产品作
为代表并授予其"J 标志"作为认证。这些产品涵盖了建筑、电器、汽
车、工艺品、包装、新材料、服务系统，乃至旅游景点、非物质文化
遗产等众多领域。这可被视为日本政府为挽救渐显颓势的日本制造所
进行的一次尝试，尽管在评选过程中一批具有良好设计要素的产品经
过媒体报道被更多人所知晓，然而该评选最终未能如同优良设计奖及
其认证标志——"G 标志"那样形成常态化机制，三年的评选期结束后
再未被人提及。

本时期最具有代表性的设计类组织为成立于 1992 年的艺术工学会
（SDAFST）。"艺术工学"在日本的语境下等同于设计，该组织尽管为全
国性组织但以西日本地区为中心，目前日本设计学会和艺术工学会是日
本国内两个最重要的设计研究类组织。此后其他成立于本时期的设计组
织主要包括：亚洲太平洋设计交流中心成立于 1993 年，日本展示设计
协会（DDA）成立于 1993 年，日本设计机构（JD）成立于 1995 年，日
本感性工学会（JSKE）成立于 1998 年，日本设计事业协同组合（JDB）
成立于 1999 年，人类中心设计推进机构（HCD）成立于 2006 年。

除了前述日本全国性设计组织，地方性设计组织的成立进入另一
个高峰期，熊本产业设计协议会（1987 年，2018 年更名为熊本设计协
议会）、三重设计协会（1988 年）、大分县设计协会（1989 年）、埼玉设
计协会（1990 年）、茨城设计振兴协议会（1993 年）、栃木县设计协会
（1996 年）、爱媛设计协会（1996 年）、福岛县设计振兴会（1997 年）、
香川县设计协会（1998 年）、青森设计协会（1998 年）、长野县设计振
兴协会（2001 年）等纷纷成立。

5.2 生态设计与通用设计的发展

本时期日本的生态设计理念越发深入人心，20 世纪 90 年代日本企
业和地方自治体纷纷引入 ISO 14000 环境管理体系，日本包装设计协会
则于 1991 年举办"对地球与人类友善的包装展"，1997 年出版《生态
包装设计的措施》，从产业角度宣传、推广生态设计理念。日本政府于
1995 年颁布《容器包装回收法》，在行政层面对容器和包装设计进行规
范，2000 年颁布《循环型社会形成推进基本法》，更将容器、电器、建

材等的废弃回收及其社会基础设施等均囊括于法条之中，进一步推动再生循环的发展。

这一时期中生态设计由"减少消耗（Reduce）、重复利用（Reuse）、再生循环（Recycle）"所构成的"3R"原则已经深入人心，并付诸设计实践。一方面，在设计中选择再生循环材料的做法越发普遍，例如成立于1997年的企业联合组织"Green Life 21 Project"致力于陶瓷循环利用，将破碎的瓷器进行重新加工制成"Re-食器"系列陶瓷餐具（图5-2）；理光公司为其iamgio系列复印机配置C2型碳粉盒（图5-3），不仅便于操作且可以循环使用。另一方面，诸如减少消耗、重复利用等原则也得到应用，例如丰田汽车公司于1997年发布的混合动力汽车普锐斯（Prius）以其约为日本普通乘用车一半的尾气排放水平受到世人关注，并在未来十余年间引领了新能源汽车的发展潮流（图5-4）。

自20世纪70~80年代以来通用设计或曰无障碍设计的理念在日本社会持续普及，为老人和残障人士的生活提供了更多便利，理念的普及最终作为社会共识反映在立法工作中。日本政府于1994年颁

❶ 来源：やまに

❷ 来源：RICOH Design

❸ 来源：トヨタ自動車

图5-2 Re-食器 ❶

图5-3 理光iamgio系列C2型碳粉盒 ❷

图5-4 初代丰田普锐斯 ❸

布《促进老人、残障人士对特定建筑物使用便利化法案》（简称《无障碍法》），通过发放补助金和提供低息融资的方式，帮助企业在其经营的高楼、旅馆和餐饮店中设置无台阶入口、便于残障人士使用的电动升降梯、便于轮椅使用者泊车的停车场等基础设施。颁布于2000年的《促进老人、残障人士等利用公共交通机关出行便利化法律》（简称《交通无障碍法》）促进了无障碍设计理念在交通设施空间及周边道路、公共交通工具的普及。此后日本在新建或改建国内的机场、火车及地铁站、巴士站台时均需配备足量的电动升降梯或电动扶梯，列车和巴士的乘车口均需设计得贴近地面或月台，以确保轮椅使用者能够安全而便捷地乘车，此外车辆内部均设置轮椅专用空间。

2006年，《无障碍法》与《交通无障碍法》两部法律被合并为《促进老人、残障人士移动便利化法案》（简称《无障碍新法》），《无障碍新法》以更加开阔的视野将城市规划纳入无障碍设计的目标中，将各城市中老人、残障人士的高频使用区域设为所谓"重点整备地区"，并将区域内的公共交通设施、道路、建筑的周边及内部进行一体化的无障碍设计规划。不仅在国家层面，无障碍设计和通用设计的理念逐渐影响着立法，自2003年静冈县滨松市在日本国内首次制定《滨松市通用设计方针》，日本国内的各地方政府均开始制定和贯彻无障碍设计和通用设计理念的城镇规划方针，并将其逐渐付诸实践。

除了在建筑和交通等社会公共领域，几乎在同一时期推动通用设计理念在个人生活层面推广的活动也在开展。1993年颁布的《福祉用具研究、开发和普及的促进法》要求通过财政补贴等方式加强福祉用具的开发和普及，从立法角度推动发展面向个人的福祉用具。成立于1991年的市民团体"E&C Project"（E&C即Enjoyment & Creation）针对残障人士和老人生活中的不便之处进行调查，并探讨如何对产品和服务进行改进，该团体的活动促成了一系列产品和服务的改进，并于1999年改组为共用品推进机构（ADF）继续活动，共用品推进机构将共用品与共用服务定义为一般人和残障人士、老人均可便利使用的产品和服务，因此具有通用设计的内涵。成立于1996年的日本福祉用具供给协会（ACGP）则通过加强对相关从业人员的教育培训，基于用户反馈进行福祉用具的调查研究，相关知识的宣传普及等方式推进福祉用具的发展与普及。2002年，国际通用设计会议召开并决定成立国际通用设计协议会（IAUD）——尽管该组织名为国际但主要成员均来自日本，该组织不仅进行关于通用设计的调查研究，还定期召开各类会议进行交流研讨，此外还负责进行具有相关知识和技能者的职业资格认定等工作。色彩通用设计机构（CUDO）于2004年设立，进行面向色弱者及其色彩识别能力的调查研究，并针对印刷品、工业产品、设施等所用色彩为设计相关人士提供基于专业的通用设计建议。

通用设计理念在日本的迅速普及有其社会原因，日本的人口生育率在20世纪50~60年代出现过一段高峰期后迅速下降，尽管如此人口老龄化的上升趋势直到20世纪80年代为止依然较为缓慢。但进入20世纪90年代后日本社会的老龄化进程加快，让社会的各类基础设施以及生活中各种工具用品适应快速增加的高龄人口成为当务之急。在国家立法及行政措施的指引下，加之各种市民团体、设计组织的活动所发挥的普及作用，通用设计的理念得以在日本社会普及、扎根，乃至诞生了许多经典的设计。例如松下冷机公司于本时期推出 NS-F2741W 型自动贩卖机，通过调整含有投币口、返还口、选择按钮等的高度，使儿童或轮椅使用者得以轻松使用自动贩卖机；松下电器产业公司推出 YZ-1001 系列淋浴器，以便于老人或身体虚弱者坐着淋浴，且头顶、身体两侧、后背处均有喷水口，能够以浴缸四分之一的耗水量达到接近泡浴的效果，可谓兼顾了生态设计和通用设计的理念；京瓷公司的 TU-KA TK50 型手机则主要面向视力下降、不易掌握复杂操作的老人，使用了便于认知、操作的按钮和开关（图5-5）；广岛电铁5000型有轨电车以其低矮的车体让老人、轮椅使用者、婴儿车使用者等各类上下台阶不便的乘客均可安全、便利地搭乘，是本时期低矮型公共交通工具的典型代表（图5-6）。

图5-5　京瓷TU-KA TK50型手机❶

图5-6　广岛电铁5000型有轨电车❷

5.3　日益细化的家具与家居用品设计

20世纪90年代至21世纪初是飞骅产业公司名作频出的时期，这一方面源于该公司新的发展策略，另一方面有赖于和设计师的紧密合作。

❶ 来源：おもいでタイムライン

❷ 来源：キイロイトリの乗り物ブログ

本时期飞骅产业公司在选材方面显得眼光独到，以往不招设计师待见甚至被视为废料的节疤木材、纤细枝干得到该公司的青睐，反而成为设计师发挥想象力的奇特材料。工业设计师佐佐木敏光（Toshimitsu Sasaki，1949—2005）的森之语系列家具将节疤、深色木纹等本应设法隐匿的部分凸显在家具表面从而形成了独特的质感，其中FF210型椅子以鹅卵石的自然曲线为灵感的框架结构充满连续的曲线美（图5-7）。佐佐木敏光除了前述的森之语系列，还带来了CRESCENT、圆空、beans、宗和、wavok等几个家具系列。

　　本时期飞骅产业公司和设计师的合作款家具中，意大利设计师恩佐·马里则为飞骅产业带来了HIDA系列，其中的EM205型扶手椅"Tevere"尤其令人印象深刻，恩佐大胆地将带有节疤的杉木材和富有光泽的细钢材加以结合，现代主义风格明显的造型搭配以天然去雕饰的木制构件实现了自然美和人工美的有机融合（图5-8）。由公司内部设计师贝山伊文纪（Ibuki Kaiyama，1979—）设计的枝（Kinoe）系列家具则将不适合作为家具主材的较细枝干用作造型的构成要素。这种变废为宝的设计不仅节省了材料成本，契合现代设计的环保理念，还达到了化腐朽为神奇的效果。

图5-7　飞骅产业FF210型椅子❶　　　　　图5-8　飞骅产业EM205型扶手椅❷

　　20世纪90年代的人体工学椅一度普遍采用厚实的软垫以维持用户的舒适性，尽管实现了基本功能但是造型笨重且因结构类同导致各公司的产品识别度较低。对此，一些人体工学椅的设计师意识到，强调舒适性和识别度就必须确保对人体有效的支撑、便利的调节以及良好的自适应功能，必须对人体尺寸、行为习惯、结构力学和材料科学进行综合把握，进而加以反复实践。在这一时期人体工学椅设计师的探

❶ 来源：FLYMEe
❷ 来源：jutakupoints.jp

索下，传统观点中技术含量不高的办公椅逐渐成为以较小体量凝聚众多科学研究成果的产品，其设计取向也随之自然而然地逐渐走向了高科技风格，伊藤喜公司于1999年推出Torino椅❶，国誉公司于2001年推出的AGATA、FOSTER等产品较好地体现了上述设计理念。此后，日本国内以人体工学椅为代表的办公家具开始兼顾重视舒适性、便利性、设计感和识别度。

20世纪90年代至21世纪初是川上元美在家具领域的一个创作高峰期，川上曾任职于意大利建筑设计师兼工业设计师安杰洛·曼吉亚罗蒂(Angelo Mangiarotti，1921—2012)的建筑事务所，但其设计领域非常广泛，从家具、餐具、家电、钟表等产品到室内装饰、公共设施等均有涉猎。川上元美的家具设计在家用家具和办公家具两个领域都达到了很高的成就，不仅风格多变，还通过和意大利等国家具公司的合作为日本赢得了国际声誉。在川上元美本时期作品中，其于1992年为五百部工艺社（现IYOBE公司）设计的ARIA系列兼具极简主义和新古典主义的美感。同年，他为意大利家具公司Acerbis International Spa设计了以希腊克里斯姆斯靠椅（Klismos）为灵感的SUMA椅以及与之配套的ASHI桌，椅背和桌脚的舒缓曲线呈现出优雅的古典美感。1997年，川上元美为arflex日本分公司设计的TINA 10型椅成为20世纪90年代日本家具中的经典之作，柔美舒展的椅腿线条搭配以布带编制椅面，现代主义的简洁框架蕴含着让人眼前一亮的材质对比（图5-9）。而次年为白川制作所（现Shirakawa公司）设计的TAO系列家具则在日式现代主义中依稀可见中式古典主义的元素。2003年川上元美再次与arflex日本分公司合作推出了NOVIA椅将充满日式风情的水楢木椅身融合以柔软的靠背与扶手，慵懒而舒适的轮廓颇有北欧家具之感。

川上元美在办公家具领域也同样多产，分别于1992年为意大利家具品牌CASSINA IXC设计的Bronx1010型办公椅，2001年为日本商用家具制造商HOUTOKU公司设计的CLIO系列办公椅（图5-10），不仅塑造了简洁优雅的造型还充分考虑了办公场所中椅子的折叠收纳方式，而他于世纪之交设计并由日本椅子制造商五百部工艺社和冈村制作所制造的Chat Chair系列椅子和LOTONDA、COLLABO两个系列的沙发尽管面向的是办公环境，却显示出若干后现代主义的猎奇感。此外，川上于1991—2005年为冈村制作所设计的一系列沙发也显示出他对家具的出色想象力。

本时期日本的卫浴用品依然遵循着以改善用户体验和优化产品细节为导向，通过叠加功能实现逐步迭代的一贯发展路径，其主要设计特色依然包括集成化、节能化、人性化等。其中，TOTO公司于1993年发布其首款一体化的无水箱型温水坐便器，即卫洗丽的Neorest EX

---

❶ イトーキ株式会社.ショールームスタッフが紐解く、開発のみち−トリノチェア[DB/OL].[2022-05-21]. https://www.itoki.jp/special/125/way/06_torino/.

图5-9 arflex TINA 10型椅子❶   图5-10 HOUTOKU CLIO型办公椅❷

（图5-11）。无水箱坐便器一方面减少了水箱后方以及和座面接合处等卫生死角故便于清洁，另一方面总体轮廓趋向于较为规整的几何体，通过外形的修整和材质的搭配，坐便器这一产品甚至开始具有一定的装饰作用。进入21世纪后，INAX公司推出了当时世界上体积最小的一体化无水箱型温水坐便器Satis系列（图5-12），长度仅约650毫米且由优雅的线条构成简洁而不失科技感的轮廓，其设计不仅充分地适应了日本家庭中常见的小面积厕所，通过对结构和外形进行螺蛳壳里做道场般的细致设计为用户活动、室内置物等留出了更多的可规划空间，推动了厕所"阴暗、狭窄而不卫生"向"明亮、开放且优美"印象的转变。此后Satis系列温水坐便器的历代产品均维持在650毫米以内的长度，并对外部轮廓和接缝线型多采取直线，形成了其简约、袖珍并充满科技感、锐利感的产品形象。

　　此外，主要制造商均开启了进一步的节能化改进，INAX公司和TOTO之间的竞争从2006年起经过数次产品迭代，将坐便器一次足量冲洗的耗水量从8升的主流水平缩减至6升、5升，最终进一步降至4升以内。前述两大主要制造商对于产品的持续推广和升级，使温水坐便器在全社会层面的普及成为日本独有的现象，根据日本内阁于2002年实施的消费动向调查，非独居家庭中温水坐便器的普及率已达到47.1%，并于2020年提升至80.2%。

　　本时期在包括坐便器在内的各种日本卫浴用品中，无障碍设计的理念得到了进一步普及。TOTO公司于1993年发布了地面无高度差的单元浴室和搭配电动升降架以辅助残障人士使用的可升降型坐便器（图5-13），1997年推出以无障碍原则设计的单元式浴室，1999年发布针对人工肛门、人工膀胱使用者进行改进的专用排便器，以及通

❶ 来源：hoshina.com

❷ 来源：カッシーナ・イクスシー

图5-11 卫洗丽Neorest EX型温水冲洗马桶 ❶

图5-12 INAX Satis系列温水
冲洗马桶 ❷

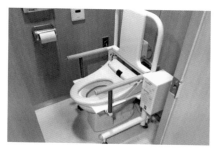

图5-13 TOTO可升降型坐便器 ❸

图5-14 TOTO浴缸用升降机 ❹

过电动升降结构辅助老人或残障人士入浴的EWB101S型浴缸用升降机（图5-14）。前述产品的出现体现出自20世纪80年代通用设计理念在日本萌芽以来的迅速发展，一方面从各类家用产品到社会基础设施其应用范围不断拓展，另一方面针对特定人群不断深入其日常生活中的方方面面，总体来看，其以人文关怀为出发点、以技术为依托的设计思路可谓一脉相承。

5.4 技术引导下的电器与电子设备设计

尽管经历了泡沫经济的破裂和随之而来的经济停滞和失业浪潮，作为日本制造业代表之一的个人与家用电器至21世纪初期时依然维持了强大的发展势头，尤其是在与影视、音像、娱乐相关的所谓黑色家电领域，索尼公司、松下公司、夏普公司、奥林巴斯公司等日本传统电器制造企业依然占据着引领发展风潮的地位。手机则是日本设计在本时期另一个重要的舞台，相较于摩托罗拉、诺基亚等在本领域具有开创性的欧美企业，日本的NEC公司、富士通公司、三菱电机公司尽管在全球范围略显弱势，但在世纪之交及21世纪的最初10年中依然推出了若干具有重要影响的产品和服务，并在东亚市场具有重要的品牌

❶ 来源：日経ビジネス電子版

❷ 来源：いいナビ

❸ 来源：Youtube（作者：jabonex JP-MY）

❹ 来源：株式会社ウェルファン

号召力。此外，健康管理和公共领域中的电器与电子设备也跳出了仅实现功能的局限，符合时代审美的造型与配色、人机工效良好的细节越发普及。

　　1991年，奥林巴斯公司发布了轻薄型照相机"μ"（图5-15），该型产品以170克的重量成为最小的35毫米镜头快门全自动照相机，其造型小巧精致而功能完备，单机销量超过500万台成为20世纪90年代的畅销相机❶，此后发展出奥林巴斯的轻薄型产品线 μ 系列，并在该系列的不断改进中于2006年进一步推出世界上首款具有1.5米抗摔功能并可在水下3米内摄影的 μ720SW 型数码照相机，以该型为开端进一步衍生出奥林巴斯的坚固防水照相机 Tough 系列❷。卡西欧公司尽管并不以照相机成像领域的技术积累见长，但长于通过设计满足用户需求，其发布于1995年的QV-10型数码照相机较早地为机体搭载了液晶屏以便用户确认拍下的画面，其可扭转的镜头部分则便于手持照相机进行自拍，这些革命化的设计昭示着数码照相机时代更多的可能性。

　　其他相机制造商也推出了一系列划时代的机型，如尼康于1992年发布可在水下进行摄影的NIKONOS RS型单反相机，富士胶卷公司则于2001年发布了FinePix 4800Z型数码照相机（图5-16），该款相机由第一辆保时捷911的设计者、德国著名汽车设计师费迪南德·亚历山大·保时捷（F.A.Porsche，1935—2012）打造，纵置机体不仅造型易于辨识而且便于操作，是富士胶卷推出的数码照相机中非常具有特色的一款产品。2004年，柯尼卡美能达公司发布世界上首款内置光学防抖结构的 α-7 DIGITAL 型数码照相机，此后光学防抖逐渐在数码照相机的设计中得到普及。

❶ オリンパス株式会社.μ（ミュー）[DB/OL].[2022-02-11]. https://www.olympus.co.jp/technology/museum/camera/products/m-series/m/?page=technology_museum.

❷ オリンパス株式会社.μ（ミュー）720SW[DB/OL].[2022-02-12]. https://www.olympus.co.jp/technology/museum/camera/products/digital-tough/m-720sw/?page=technology_museum.

❸ 来源：ヨアケマエカメラ

❹ 来源：ヨアケマエカメラ

图5-15　奥林巴斯μ型照相机❸　　　　图5-16　富士胶卷FinePix 4800Z
　　　　　　　　　　　　　　　　　　　　　　　型照相机❹

除了照相机的不断革新，日本的摄像机也于本时期进入数码时代。

索尼公司于1996年发布的DCR-PC7型摄像机秉持了索尼公司一贯的"尺寸便携化"风格，全机仅有一本护照大小，故成为当时世界上最小最轻的量产型数码摄像机（图5-17），而分别诞生于2005年和2006年的HDR-HC1型和HDR-SR1型相机则将家用数码摄像机推向高清时代❶。索尼公司通过一贯的简约、轻薄和高科技风格将数码摄像机的设计提升到新的高度。专业摄像机更是索尼公司的强势领域，发布于2005年的HVR-Z1型专业摄像机在细节上展现出了与家用摄像机类似的设计语言——集约化的产品轮廓与充满着精密规划的人机交互部件，显示出索尼品牌充满科技感的底蕴（图5-18）。

图5-17 索尼DCR-PC7型 图5-18 索尼HVR-Z1型摄像机❸
摄像机❷

在影音播放领域，本时期涌现了一批积极引用曲线元素、风格颇为活泼的个人消费类电子产品。松下公司发布于1991年的RX-DT707型CD播放机继承了该公司将适度的先进性和圆滑感融于一体的特征（图5-19），并对同类产品的造型设计产生了较为广泛的影响。夏普公司于2001年推出的AQUOS LC-20C1型电视机作为液晶电视机的先驱者开创了夏普AQUOS系列的辉煌，该型电视机由创建了IDK设计研究所的喜多俊之（Toshiyuki Kita，1942—）设计。喜多俊之自20世纪70年代便活跃于欧洲家具设计界，是少有的兼具后现代主义色彩和日本传统文化色彩的设计师，他对色彩和曲线的运用大胆而巧妙，呈现出诙谐、活泼的风格。他为夏普公司设计的LC-20C1型电视机一改传统显像管电视机的臃肿厚重，格外轻盈的机体置于专门支架之上，其形态仿佛将一幅画置于画架上，两组圆形微凸的扬声器则成为另一个颇具辨识度的特征（图5-20）。2003年，喜多俊之设计了夏普AQUOS系列的LC-15L1型电视机，因为强调便携性而专门设置了提手，此外搭载了高性能扬声器并通过曲线的设计予以强调（图5-21）。同年夏普发布的AQUOS LC-37BT5型电视机也由喜多俊之操刀设计，该型电视机不仅具有领先业界的成像性能，还可遥控调节屏幕角度，该型电视机最具辨识度之处在于

❶ ソニー株式会社.商品のあゆみ[DB/OL].[2022-02-12]. https://www.sony.com/ja/SonyInfo/CorporateInfo/History/sonyhistory-f.html.

❷ 来源：SONY

❸ 来源：tecnorent.es

图 5-19 松下 RX-DT707 型 CD 播放机 ❶

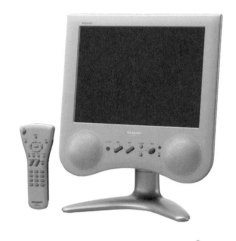

图 5-20 夏普 LC-20C1 型电视机 ❷

图 5-21 夏普 LC-15L1 型电视机 ❸

图 5-22 夏普 LC-37BT5 型电视机 ❹

将屏幕下方的扬声器单元设计为造型独特的波浪形曲面以象征声音的波动原理，并搭配以独立的扬声单元形成立体声效果，是继 LC-20C1 型之后又一型极富喜多俊之个人风格的电视机（图 5-22）。

世纪之交，DVD 技术的出现大幅提升了影音播放清晰度，日本多家公司在此基础上展开了相关产品的设计竞争。分别发布于 2001 年的松下 DMR-HS1 和东芝 RD-2000 型 DVD/HDD 录像机则不仅可以将电视节目录入 DVD 碟片，而且可以将其录入 HDD 硬盘，工作忙碌且加班频繁的日本上班族可以更为便捷地观看各个时段的电视节目。索尼于 2003 年发布的 BDZ-S77 型 DVD 播放机则在设计和技术两个层面更具有震撼力（图 5-23），该款播放器一改各品牌录像带和 DVD 播放机在扁平立方体上叠加按钮的传统造型，其斜面折角的造型颇具未来感，展现出索尼引领新一代 DVD 格式的雄心——索尼主推的蓝光光碟（Blu-ray Disc）规格，并由此拉开了索尼、松下主导的蓝光阵营和东芝、

图5-23　索尼BDZ-S77型DVD播放机❶

NEC主导的HD DVD阵营之间持续数年的高清晰度光盘规格争端。

　　本时期的白色家电中，松下公司于2002年开始陆续推出的P系列空调破天荒地采用将空调内机置于天花板一角的设计，不仅为空调的安装位置提供了全新的可能性，其扇形空调内机吹出的冷空气还可以通过更长的出风口快速、全面地为室内降温（图5-24）。发布于2003年的松下NA-V80型洗衣机则是该公司本时期最具知名度的设计，相较于滚筒舱盖处于洗衣机正面的滚筒式洗衣机，本款洗衣机最大的特点是舱盖与滚筒均与水平面呈30°夹角，用户不必弯腰放入或取出衣物因此提升了其使用舒适度，同时机身上方采用托盘式顶板从而便于临时放置衣物和洗涤剂等（图5-25）。这些产品不仅拥有优美的曲线和适度的科技感，还具有将用户需求成功融入设计而产生的高度亲和力，不仅再次体现了松下的设计思想，也是本时期日本白色家电的经典之作。

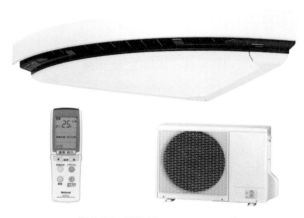

图5-24　松下CS-P281A2型空调❷

❶ 来源：SONY

❷ 来源：Panasonic

图5-25 松下NA-V80型洗衣机❶

  尽管本时期的日本家用电器依然呈现高科技风格的面貌，但良品计划公司向电器领域的发展，以及±0公司的成立带来了一抹与众不同的色彩，在这一过程中新一代设计师深泽直人（Naoto Fukasawa，1956—）所发挥的作用不容忽视。出身于多摩美术大学美术学部产品设计专业的深泽直人一度任职于诹访精工舍（现精工爱普生公司），此后进入美国IDEO公司并于1996年成为IDEO Japan的负责人。在此期间深泽直人与美国苹果公司、KDDI公司、良品计划公司等企业合作，推出了一系列作品并在业界积累了良好声誉。其经典之作有苹果Macintosh二十周年纪念版桌面电脑（图5-26）和无印良品壁挂式CD播放器（图5-27），后者不仅是其设计生涯最著名的设计，也已成为无印良品品牌电器的象征。无印良品壁挂式CD播放器的拉绳控制开关有如老式电灯控制方式，其省略一切高科技元素而回归极度原始的控制方法让这款产品做到了人机交互的最高境界——简洁明了、老妪能解。这种关注核心功能而摒弃一切非必要的浮华元素的设计手法，让该型CD播放器充分展现了无印良品品牌的原始理念，并与同一时期由良品计划公司推出的冰箱、电饭煲、空气净化器等一并引起世人的关注，让深泽直人的设计哲学为更多人所知。

  在此之后深泽直人辞职并于2003年设立了个人设计事务所，通过与同年成立的±0公司的合作推出了一系列简约主义风格的产品。其设计的 XMT-P010 型无线电话机（图 5-28）、XQK-P020 型加湿器（图 5-29）、XKP-P010 型电热水壶、XQH-Q010 型空气净化器等产品，均获得优良设计奖并推动了 ±0 品牌的普及。总体而言，无印良品和 ±0 这两个品牌旗下的电器具有一定的相似性，它们并不强调技术的先进性，而是从用户的生活方式和使用体验出发，强调通过设计满足人们的感性需求。

图 5-26　苹果 Macintosh 二十周年纪念版
桌面电脑 ❶

图 5-27　无印良品壁挂式
CD 播放器 ❷

图 5-28　±0 XMT-P010 型
无线电话机 ❸

图 5-29　±0 XQK-P020 型加湿器 ❹

　　早在 1970 年大阪世博会上，用于第一代移动通信网络的移动电话业已登场，但在很长一段时间内，因为其体积过大，只能以车载电话的形式使用。进入 20 世纪 80 年代，电话的体积逐渐缩小，日本电信电话公司（以下简称为 NTT 公司）推出了肩挎式移动电话，但 1 公斤左右的重量和肩挎包的大小依然难称"便携"，并且长达 10 小时的充电只能支持 30 分钟的通话时间也极大限制了其使用（图 5-30）。随着1993 年第二代移动通信网络的登场，更加小型化的移动电话（以下简称为手机）逐渐普及，这一时期 NTT 公司成立了子公司 NTT DoCoMo（现 NTT docomo 公司，以下均使用现名称）提供手机网络服务，并委托松下通信工业公司（现并入松下公司）、NEC 公司、三菱电机和富士通公司共同开发了适用新型移动通信网络的手机 TZ-804，并将该型手机及 TZ-820（图 5-31）等后续机型命名为"mova"。一改 20 世纪 80 年

❶ 来源：Cult of Mac

❷ 来源：MUJI

❸ 来源：eepma.com.br

❹ 来源：ヒバリ舎

代手机采用黑色的传统，mova系列手机开始出现了银色涂装的机型，NEC公司发布的mova N206S手机甚至出现了紫红色，种种类似现象可谓是工业设计的理念开始向手机设计渗透的开端。

图5-30 NTT DoCoMo肩挎式移动电话❶   图5-31 NTT DoCoMo
                                                  mova TZ-820型手机❷

　　1999年，作为日本最大的电信网络服务商，NTT公司推出了全世界最早的手机互联网服务"i-mode"，用户不仅可以通过手机拨打电话，还可收发电子邮件甚至浏览网页——尽管功能还不尽完善，这一划时代的服务宣告了手机发展的黄金阶段逐步接近。NTT docomo公司推出"i-mode"服务的同年，从硬件层面可使用"i-mode"服务的手机纷纷面世，如富士通公司制造的F501i HYPER型手机（图5-32）、

❶ 来源：ベストタイムズ

❷ 来源：@DIME アットダイム

❸ 来源：日経クロステック

❹ 来源：NEC

图5-32 NTT DoCoMo F501i   图5-33 NTT DoCoMo N501i HYPER型手机❹
HYPER型手机❸

NEC 公司制造的 N501i HYPER 型手机等（图 5-33）。此时的手机依然以黑色、银色为主，造型主要分为直板机和翻盖机型两种，此时的手机设计并没有多少美学要素，仅仅是按照功能的要求以及技术与结构的限制将手机作为一个工业产品进行组装。值得一提的是，日本的手机产业自诞生之初起，电信网络服务商即占据了主导地位，如 NTT docomo 公司、KDDI 公司等不仅提供手机网络服务，还提供与之绑定的定制手机——尽管定制手机的设计与制造由制造类企业负责，但电信网络服务商对于产品的发布甚至策划、开发均进行不同程度的参与。

　　面对其竞争对手 NTT docomo 公司，作为当时屈居业界次席的日本电信网络服务商 KDDI 公司也推出了一系列定制手机并提供 i-mode 般的手机网络服务 EZweb。为了提升自身的竞争力，KDDI 在工业设计方面加大投入，于 2003 年开始实施以其手机网络服务 "au" 命名的设计项目 "au 设计项目（au design project）"，计划以此向市场推出具有竞争力的定制手机以提升其手机网络的用户数量。该计划实施的第一年便诞生了由深泽直人设计、三洋电机公司制造的 KDDI Infobar 型手机（图 5-34），其灵感来自日本的锦鲤旗，细长的造型、多彩的配色和晶莹剔透的按键使该型手机仿佛一个包装精良的糖果巧克力，展现出与同时期以黑白为主色调、强调科技感的日本手机不同的风貌。该型手机发布后即在日本市场引起轰动并被抢购，先后获得优良设计奖、德国 iF 设计奖，并被纽约近代艺术博物馆、印第安纳波利斯艺术博物馆收藏，成为本时期日本手机设计的重要象征。

　　2004 年，au 设计项目诞生了另一款产品，即澳大利亚工业设计师马克·纽森（Marc Newson，1963—）设计、三洋电机旗下子公司制造的 KDDI Talby（图 5-35），这是一款与 Infobar 型手机齐名的手机设计名作。其直板手机形态搭配以圆角的手机形态和圆形按钮，机身转角包括左上角的长形吊带孔均进行了圆角处理，全机展现了马克·纽森重视曲线元素的一贯风格。尽管全机依然采用了塑料外壳，但采用的金属色涂装在视觉上外壳有如铝制；机体边缘进行了削薄处理，尽管全机布满了圆形按钮和圆形倒角，机身却依然显示出犀利而干练的风格。

　　次年，由平面设计师斋藤诚（Makoto Saito，1952—）设计、日立制作所制造的 KDDI PENCK 作为 au 设计项目的后续成果发布（图 5-36）。该型手机作为一款翻盖型手机，一改其他翻盖手机表面的繁复造型。其形状如同鹅卵石般圆润，为了在最大程度上取消外壳的各种装饰或功能结构，不仅采用了内置天线还隐藏了翻盖式铰链。尽管外壳看起来毫无装饰元素，当用户翻开手机后其多彩的内涵才跃然眼前——不仅有色彩丰富、字体美观的按键，手机操作界面也由斋藤诚亲自操刀制作。

图 5-34　KDDI Infobar 型手机 ❶

图 5-35　KDDI Talby 型手机 ❷

图 5-36　KDDI PENCK 型手机 ❸

❶ 来源：au Design project

❷ 来源：Pinterest

❸ 来源：ITmediaD

尽管KDDI公司与工业设计师的深度合作带来了一系列颇具美感的手机，但造型、配色相对保守的产品依然占据着市场的主流。功能的充实化是本时期日本手机设计的主要发展方向，搭载了彩色屏幕、摄影镜头的手机逐渐出现，使手机和多媒体的结合日益紧密。J-Phone公司（现软银公司）于2000年发布了由夏普公司设计制造的J-SH04（图5-37），这是日本首款摄影镜头的手机。随着这款手机的推出，通过短信发送照片的服务迅速流行起来，多媒体技术在手机设计中的应用得到进一步发展。NEC公司发布于2004年的N900型卡片式手机是一款面向中国市场的手机，作为当时世界上尺寸最小，厚度最薄且搭载摄影镜头的卡片型手机，于发布次年获得德国iF设计奖。NTT DoCoMo公司发布于2004年的P506iC型手机由松下公司设计制造（图5-38），搭载了SONY公司开发近场通信（Near Field Communication，以下简称为NFC）技术"Felica"，是日本最早搭载移动钱包功能的手机。

与手机的发展较为类似的是笔记本电脑，随着半导体技术的进步，曾经厚重宽大的移动电话和计算机逐渐变得轻薄短小，价格的低廉化和功能的丰富化使其逐渐为一般消费者所接受。这种产品的演变模式为战后的日本企业所熟知，正是在推动电器越发轻薄短小的过程中，日本制造和日本设计得以崛起。正如在手机设计中一度获得成功一般，日本企业对于笔记本电脑设计也倾注了努力。在笔记本电脑的发展史中，东芝公司、NEC公司和夏普公司等日本企业均对这一产品的发展具有开创性贡献。从工业设计的角度而言，松下公司和索尼公司则留下了更多的笔记本经典设计。松下品牌的Let's note系列以及源自索尼公司的WAIO品牌直到现在依然在日本的商用和家用笔记本电脑领域占据着重要的地位，其不仅具有良好的产品性能与美学特质，与同质化严重的其他笔记本品牌相比，仅从造型来看也具有较强的辨识度。

❶ 来源：kakaku.com

❷ 来源：ITmedia

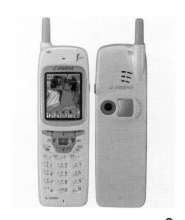

图5-37　J-Phone J-SH04型手机❶

图5-38　NTT mova P506iC型手机❷

松下公司于1996年发布Let's note AL–N1型笔记本电脑，由此开始进入这一领域并特别聚焦于商用方面。不过直至2002年发布CF–R1型笔记本电脑Let's note系列时，笔记本电脑的基本造型才逐渐明确下来（图5–39）。其采用银色的涂装和轻薄的体量，为了加强屏幕的强度在A面顶盖设置了标志性的凸起结构，为了减少误操作无论是电源开关还是屏幕开合锁均使用拨钮结构，而内凹的圆形触控板则是Let's note系列笔记本电脑的又一大特征，当用户的手指沿着圆形触摸板边框进行顺时针或逆时针转动时可以实现快速拖动页面，对于频繁使用文件编辑软件、网络浏览器的上班族而言比普通的方形触控板更加快捷，而按键则设置在圆形边框下方。次年，松下公司开始了针对商业客户的定制服务，此后推出了一系列具有不同涂装、材质的设计。

VAIO品牌原属于索尼公司，涵盖了该公司制造的各型桌面电脑和笔记本电脑。1997年其第一代笔记本电脑VAIO Note PCG-505发布，以淡紫色的涂装展现出与其他品牌的区别，而其下一代机型VAIO PCG-X505则塑造了此后VAIO品牌的设计特征（图5–40），深灰的色彩搭配极为轻薄的造型，键盘边缘做了削薄处理以致厚度甚至不足1厘米。与其他企业造型师对于屏幕开合铰链的低调处理不同，VAIO品牌特意使开合铰链呈横置的长形圆轴状以加强其存在感，并将内设提示灯光的电源开关置于铰链一侧的轴心处，形成不同于其他品牌笔记本电脑的造型特征。

图5-39　松下CF–R1型笔记本电脑❶　　图5-40　索尼PCG-X505型笔记本电脑❷

在电子手表领域，卡西欧公司于1992年发布带有血压计功能的BP-100型电子手表，次年的首款搭载了红外线遥控器功能的CMD-10型电子手表则可以设置来遥控不同的电器，如电视机、录像机、甚至是汽车——当时BMW公司在日本市场投放的部分车型可通过红外线实现无接触开门。发布于1994年的"Cyber Cross"系列电子手表则充分利用红外线通信功能，实现在手表端的游戏对战。这一趋势延续至

❶ 来源：Panasonic

❷ 来源：PC Watch

2000年以后，如世界上首款搭载mp3功能的WMP-1型电子手表，搭载黑白数码摄像功能的WQV-1型电子手表，以及搭载彩色数码摄像功能的WQV-3型电子手表等。然而，世纪之交的这些电子手表很难能被定义为成功的设计，因为无论是耳机连接手表带来的不便还是摄影质量低下造成的实用性低下，都显示出设计构想与技术限制之间的矛盾，从造型设计上看手表这一主体和其他功能构件间的关系接近于简单的叠加而缺乏总体造型上的有机统一，尽管这一问题或许并不来自设计本身而应考虑到技术限制的影响。

卡西欧公司的另一个创举是将电子技术引入文具设计领域，例如推出了Name Land系列便签打印机品牌，当电子打印技术逐渐成熟后，曾经手写便签的数码化成为可能。Name Land如同一款微型打字机，通过小型键盘输入文本即可直接打印在预存于机体内部的便签纸上，不仅可以进行基础的文字打印，还可以设置黑底白字效果和阴影效果，此外可以设置从上到下或从左到右等不同方式的书写次序，提供了比当时一般文字处理器更多的选项，可谓开电子文具设计的先河。

随着技术的进步，面向个人健康管理的电子用品的功能逐渐完善并得以普及，在这一过程中产品的造型设计也逐渐得以完善。虽然用于健康管理的电子用品因为其开发和商业化的时间不尽相同，功能和设计的演化历程也有差异，但总的趋势相似。但从总体趋势来看，该类产品多从20世纪70~80年代开始进入一般消费市场，到了90年代以后此类电器中的美学要素开始明显增加，各个企业在引入人因工学、通用设计的思维以改善用户体验的基础上，纷纷改善产品的造型设计水平来提升产品的形象，将工业设计作为产品乃至品牌的重要卖点。

体重计属于机械仪表时代就已存在的老式产品，无论是其体积和原理还是其造型的用户认知均已相对固化，故其设计空间相对较少。然而，进入电器时代后体重计依然展现出了一些不同的面貌。大和制衡公司于1992年发布的DH-401型电子体重计"Luna"和DH-402型电子体重计"Leo"、1995年发布的DH-502电子体重计"Nano"等，总体呈方形的体重计本体与形式各异的显示屏通过平面元素的分割和产品材质的对比形成良好的视觉美感。百利达公司发布于2004年的Inner Scan 50系列BC-533型电子体重计则一改同类产品的方正造型，产品主体由钢化玻璃构成并呈透明圆盘形态，相较于传统体重计显得别致而轻盈（图5-41）。Inner Scan 50系列BC-533型电子体重计还采用了该公司20世纪90年代末导入的生物电阻抗分析技术，其双脚踩踏部位设置了四个电极触点，当用户赤脚踩上体重计后电极会向人体内送入微小而无害的电流以检测电阻抗，并据此分析肌肉质量、骨密度、内脏脂肪等数据。BC-533型体重计一度是最为畅销的电子体重计之一，可谓在健康类电器中融合先端设计与先端技术以形成良好市场反馈的经典案例。

电子血压仪是另一种较为常用的健康管理电器，在进入20世纪90年代后在国际市场上成为日本健康类电器的代表性产品之一。松下电工公司于1993年发布的EW273-H型电子血压仪可用于手腕处，不仅维持了传统的手臂型血压仪的准确性，同时因将传统的分体式血压仪整合为一体而具有良好的便携性。A&D公司发布于2000年的UB-401型血压仪、泰尔茂（Terumo）公司发布于2002年的ES-P2000型血压仪、欧姆龙公司发布于2004年的HEM-1000型血压仪（图5-42）等尽管操作方式不尽相同，但均对产品的整体造型、人机交互、色彩材质等进行了改进，使得电子血压仪逐渐褪去了单纯测量工具般略显粗糙的视觉感受，设计感日益增强。

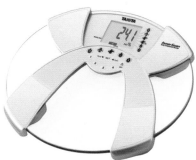

图5-41　百利达BC-533型电子体重计❶　　图5-42　欧姆龙HEM-1000型血压仪❷

本时期一些与保健、医疗具有间接关系的电器类产品同样得到了较快的市场普及和设计提升，并为同类产品设计样式奠定了基础。例如，20世纪60年代为老人、手部不便的残障人士等特殊用户开发的电动牙刷于20世纪80年代开始进入日本的一般消费市场。三洋电机公司、欧姆龙公司、松下电工公司（现并入松下公司）均较早进入该领域并在20世纪90年代推出大量同类产品，但此时的电动牙刷依然以功能的实现为唯一任务，其迭代主要针对充电和续航时间的提升、振动频率的优化、刷牙模式的改进等。进入21世纪后，这一情况发生了改变，松下电工公司推出的EW1011型（图5-43）、EW1024型电动牙刷（图5-44）开始，依据握姿对牙刷不同部位对色彩、材质、造型进行了针对性的设计，此后的电动牙刷设计开始具有了良好的美学风格和人机工效。

与之类似的还有按摩椅，尽管其在日本的发展历史可追溯至20世纪50年代，但长期以来其完善基本集中于人机工效和按摩功能领域，少有审美元素反映于其中。欧姆龙公司发布于2002年的HM601型按摩

❶ 来源：ManualsLib

❷ 来源：yamari-kashi-ho.jp

图5-43　松下EW1011型
电动牙刷 ❶

图5-44　松下EW1024型
电动牙刷 ❷

图5-45　欧姆龙HM603型按摩椅 ❸

椅"pisu"则率先对其造型与细节加以设计，使之看起来不再是一个将功能感裸露在外的保健工具，而是如同做工细腻的沙发一般装点于房间的一角。两年后同系列按摩椅的新款HM603型（图5-45）和HM604型按摩椅则使按摩椅造型进一步向高级家具的风格靠拢，此后各相关企业开始将电器设计与家具设计结合。

　　在医疗产品设计中享有盛名的日本设计师并不算多，女性设计师柴田文江（Fumie Shibata，1968—）是其中最具有代表性的一位。柴田文江出身于武藏野美术大学，曾在东芝公司从事设计工作，后独立并开设了自己的设计事务所。她在医疗用品、儿童用品、家用电器等领域具有很高的成就。欧姆龙公司发布于2005年的MC-670型电子体温计由柴田文江设计（图5-46），也是本时期日本医疗产品设计中最经典的作品之一，该型产品不仅采用了更为便捷准确的测温技术，其末端异常宽大扁平并安装了一个远较同类产品更大的显示屏，以便于老人和儿童等阅读测量信息。

　　除了个人与家用电器以外，面向公共领域的电气设施的造型及功能设计也越发得到重视。例如欧姆龙公司发布于1993年的HX型ATM机较早在该类产品中引入了通用设计的理念，专门将轮椅操作台下方机体设计为内凹形态，以便乘坐者贴近机体进行操作，此后这一形式逐渐在日本的ATM机中得以普及。2004年，日立制作所与欧姆龙公司将两个公司的信息化电气设施业务进行整合并成立日立欧姆龙终端解决方案公司（现Hitachi Channel Solutions Corporation，以下简称为日立旗下公司），于2006年推出AK-1型ATM机（图5-47）。该型ATM机不仅维持了操作台下方的内凹形态，还在操作台两侧设置了扶手，同时

❶ 来源：Panasonic

❷ 来源：Panasonic

❸ 来源：kakaku.com

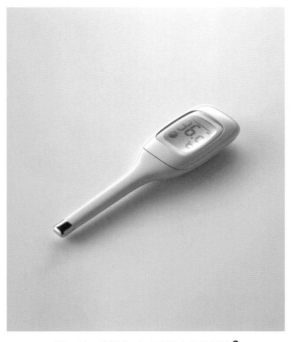

图5-46　欧姆龙MC-670型电子体温计❶

图5-47　日立欧姆龙AK-1型ATM机❷

经过人因工学的测量将触屏画面设为与水平面之间存在8°的夹角，使用户即使在乘坐轮椅的高度上也能轻松使用。

5.5　品牌效应不断增强的交通工具设计

进入20世纪90年代后，日本的电车设计可谓百花齐放，其中由GK设计集团进行造型设计、JR东日本运营的JR东日本E259型电车"成田特快（Narita Express）"可谓个中翘楚（图5-48）。E259型电车所运行的线路连接着东京都、神奈川县重要站点与成田国际机场，是很多访日的外国旅客进入东京市所选择的线路，可谓日本的门面。该型列车具有非常强烈的视觉效果，黑白红所构成的车身涂装搭配以N'EX的标识颇有构成主义招贴之感。另一个特征在于该型列车的车头（该型列车尾部也是一个同样的车头）采用了高驾驶室结构，驾驶员位于车头的二层，而一层则为通道，且车头的黑色部分实为一组可向外平移的滑动式暗门，当需要两组列车连接运行时，只需两个车头连接后将暗门打开即可形成贯穿两组列车的通道，如此设计提升了列车运营的灵活性。类似造型后来也出现在北海道旅客铁道（JR北海道）于1998年导入的JR北海道Kiha261系柴油动车组（图5-49）、诞生于1994年的JR西日本281系电车"遥远"（图5-50）等多个型号的列车上。

为了抗衡JR西日本所运营的连接关西国际机场与京都站的线路

❶ 来源：サマリー

❷ 来源：日立チャネルソリューションズ株式会社

以及运行于其上的JR西日本281系电车，大型私人铁道公司南海电气铁道公司将其连接关西国际机场与大阪市中心的南海本线—机场线所用电车委托建筑设计师若林广幸（Hiroyuki Wakabayashi，1949—）进行造型设计。该型电车建造于1994年，被命名为南海50000系电车（图5-51）。电车的车头设计为了表现速度感和力度感，完全脱离于既有的电车设计范式，采用复古未来主义（Retro-futurism）色彩浓厚的造型，一反同时期其他特快电车强调科技感的常见设计风格，在彰显铁路车辆固有沉重质感的同时适度加入流线造型。车头从远处看颇似欧式头盔，同时为了强调作为特快电车的速度感，侧窗则融合了老式飞机的形象被全部设计为椭圆形。内饰则被设计为会客大厅的风格，宽大的沙发型座位、木纹的地板和门板、椭圆形窗户排布在淡色的左右两壁，使车厢敞亮而开阔。

随着新干线所采用的车型逐渐增多，造型优美且风格各异的新干线电车不仅点缀了繁忙的车站，更成为日本新干线的重要名片之一。例如诞生于1994年的新干线E1系电车以"壮丽与律动"为理念进行设计，由川崎重工业公司、日立制作所公司制造，其最大的特征在于全车采用双层车厢，因此体量和过往的车型不可同日而语。尽管采用了

❶ 来源：train-directo-ry.net

❷ 来源：train-directo-ry.net

❸ 来源：wikime-dia commons（作者：MaedaAkihiko）

❹ 来源：wikimedia commons（作者：Ogi-yoshisan）

图5-48　JR东日本E259型电车❶

图5-49　JR北海道Kiha261系柴油动车组❷

图5-50　JR西日本281系电车❸

图5-51　南海50000系电车❹

图5-52　新干线E1系电车（原涂装）❶

图5-53　新干线E1系电车（新涂装）❷

流线型车身设计，但初期车身涂装使用上层蓝灰、下层银灰以及使用翠绿线条加以分割的搭配，视觉上颇有沉重之感（图5-52）。2003年开始实施车辆改装时，将涂装变更为上层白色、下层深蓝以及使用名为"朱鹭色"的粉色线条加以分割，并使分割线在车头处以曲线绕过车鼻所构成的棱线（图5-53）。新涂装不仅让车身因强烈的色彩对比显得更加醒目，明快色彩和线条走势还弱化了车身的沉重感，可谓是妙用车身涂装以改善视觉形象的典范。

　　诞生于1995年的新干线E2系电车继E1系电车后进一步加长了其车鼻部分以改善车辆的气动性能（图5-54）。该型车在结构方面的最大特征是首次将全自动式悬吊系统应用于部分车厢，降低行车时的摇晃从而提升乘客的舒适性。自该型车开始，后续车辆均采用了铝合金车身以实现轻量化。新干线E2系电车与我国有很深的渊源，2004年我国为时速200公里级别的第一轮高速动车组技术引进招标，以川崎重工业公司为首的日本企业联合体即以该车型参与投标并成功中标，被我国引进后定型为CRH2A型动车组，成为我国高速铁路系统的组成部分。

　　与E2系电车相同，新干线E3系电车也于1995年开始投入使用（图5-55），该型车由GK设计集团提供造型设计，川崎重工业公司和东急车辆制造公司制造，车头的锐利切面搭配瘦削的车身所形成的速度感以及针对不同版本车型的多种鲜艳涂装令人印象深刻。1997年投入使用的新干线E4系电车与E1系电车一样全车采用双层车厢，其最大特征在于首次应用鸭嘴兽形车头，这种车头具有提升车辆的空气动力性能及降低噪声上的优势（图5-56）。与新干线E4系同年制造的新干线700系列车由TDO的手钱正道、福田哲夫等人设计，也异曲同工般地采用了鸭嘴兽形车头，但使车头尖端向驾驶舱过渡之处分别向两侧延

❶ 来源：japaneseclass.jp

❷ 来源：レール＆KQ俱楽部

图5-54　新干线E2系电车 ❶

图5-55　新干线E3系电车 ❷

图5-56　新干线E4系电车 ❸

图5-57　新干线700系电车 ❹

伸，以提升气流经过车头时全车的稳定性（图5-57）。该设计不仅为后续许多款新干线所沿用，而且成为2010年后新干线电车的主要特征。

　　诞生于1995年并于两年后投入运营的新干线500系电车曾为新干线系统中速度最快的车型（图5-58），设计时速高达350km，但因为运营线路弯道较多，故运营速度被限制在300km/h以内。该型车由毕业于乌尔姆造型学院并与日立制作所公司保持合作关系的德国工业设计师亚历山大·诺梅斯特（Alexander Neumeister，1941—）设计——亚历山大·诺梅斯特常年沉浸于交通工具设计，不仅设计了德国ICE系列高速列车和德国Transrapid磁浮列车，还曾为北京、慕尼黑、东京、圣保罗等城市的地铁车辆提供设计。为了对抗电车高速行进中的活塞效应，外形犹如喷气式战斗机前端一般的鸟喙形车头缓缓向近似圆形截面的车身过渡，流畅的车身线条带来强烈的视觉冲击。尽管其存在车内空间相对狭小的缺憾，但是空前的速度和崭新的设计使新干线500系电车在众多爱好者心里留下了深刻的印象。

❶　来源：sky-cruise.jp

❷　来源：PHOTOHI-TO

❸　来源：smizok.net

❹　来源：マイナビ

进入 21 世纪之初，新干线 800 系电车展现出一种与前作不同的设计趋势（图 5-59），该型车由水户冈锐治（Eiji Mitooka, 1947—）设计。水户冈锐治原本出身于冈山县立工业高校的室内设计学科，最初主要从事插画工作直到 1987 年结识 JR 九州社长。此后，水户冈锐治由 JR 九州的插画、广告设计工作逐渐接触电车设计，其设计作品集中于九州旅客铁道公司（JR 九州）所使用的电车，如 JR 九州 787 系电车"燕子"、833 系电车"音速"和 885 系电车"海鸥"。自新干线 100 系电车以来，各型电车的前照灯或呈点状或呈横向线状，故显示出冷澈的形象，而诞生于 2003 年的新干线 800 系电车则在锐利的切面型车头上采用了较大面积的纵向前照灯，并在车身涂装加入了插画元素并使用传统工艺品的色彩取代标准色（图 5-60）。该型车的最大特色在于其内饰，与新干线系列电车普遍采用的节制、温馨而不失科技风格的内饰风格有所不同，新干线 800 系电车的内饰大量引入日本的传统元素，出入口处使用古代工艺品的色彩并搭配以樱木材质的扶手，座位的硬质部分使用樟木，而接触面采用京都地区传统纺织品"西阵织"，车窗的窗帘使用木制卷帘代替常见的化纤窗帘（图 5-61），而车内洗手间外则

❶ 来源：goo ニュース

❷ 来源：トレたび

❸ 来源：トレたび

❹ 来源：DIME

图 5-58　新干线 500 系电车 ❶

图 5-59　新干线 800 系电车 ❷

图 5-60　新干线 800 系电车标志 ❸

图 5-61　新干线 800 系电车内饰 ❹

图5-62　JR东海371系电车❶　　　　　　　图5-63　小田急50000型电车❷

使用熊本特产灯芯草编制而成的绳帘，新干线800系电车宛如工艺品的车内空间开启了将传统元素引入新干线列车设计的先河。

　　泡沫经济破裂后，连接东京都和神奈川县间旅游线路的小田急线乘客数量大幅减少，经过市场调研发现小田急线在面临其他公司类似线路竞争的同时，原有列车因缺乏展望台等时兴的结构而弱化了列车的观光功能，曾作为东京乘客赴周边著名温泉观光地箱根时常用交通工具的品牌效应严重下降。对此小田急电铁公司考虑引入新型观光电车挽回流失的乘客，此时恰逢小田急电铁公司的竞争对手JR东海于1991年发布371系电车"朝雾"（图5-62），该型车由水户冈锐治设计，具有空气动力学特征的流线车头造型，灰色系的内饰优雅而低调，并获得当年的优良设计奖。来自371系电车的压力令小田急电铁公司深感到设计一款"前所未有的电车"的必要性，因此大胆地选择了当时并无电车设计经验的建筑设计师冈部宪明（Noriaki Okabe，1947— ）担纲设计。首次设计电车的冈部宪明最终设计出了小田急50000型电车（图5-63），在确保车头前部展望台的同时维持了流线造型，流畅的车身曲线搭配以明快的涂装展现出未来主义的风格。这一基本设计语言为此后的60000型电车、70000型电车所继承，电车造型的设计感及乘坐时的观景体验成为小田急电铁公司品牌形象的一部分。

　　与豪华程度、科技氛围日益提升的新干线列车、特急电车等公共交通工具相比，本时期日本的汽车设计走向转型。随着1990年前期日本泡沫经济的破裂，日本国内市场对轿车（尤其是高档轿车）的需求一落千丈，相较于泡沫经济时代最为人所重视的高级感，个性化和功能性成了用户最重要的需求，方正而端庄的车头前脸和平直宽大的车身尺寸等元素显得过于中庸，尽管相当一部分轻型车和紧凑型车依然倾向于通过方正的车身设计获取最大的车内空间，但在日本市场的中

❶ 来源：wikimedia commons（作者：T.Hanami）

❷ 来源：Train-Directory

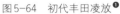
图5-64　初代丰田凌放❶　　　　　　　　　　图5-65　初代丰田Estima❷

型车和大型车设计中曲线元素逐渐增加。

　　面对家用车消费趋势的改变，丰田汽车公司拓展了城市型SUV这一品类，1994年发售的丰田RAV4是其代表车型，该车型和1996年发售的Ipsum广受欢迎。此后，该公司在对一系列轿车进行改款换代时都着重强调经济性，以此维持其在轿车市场的份额。通过丰田RAV4开拓的城市SUV这一品类，随着1997年12月发售的凌放（Harrier）的加入进一步繁荣起来（图5-64）。凌放同时满足了充沛的动力、良好的静音性和宽敞的车内空间，一时成为高级城市SUV的代表词。随后又以雷克萨斯RX300为名投放美国市场，不仅获得了极大的销量并且为其他汽车公司所效仿，自此高级城市SUV成为很多汽车公司产品线中的固定品类。而在MPV市场，丰田汽车公司于2000年1月发售的Estima以其如弹头般的流线造型设计获得外界好评（图5-65）。

　　随着丰田汽车公司逐渐扎根于欧洲市场，其在欧洲的研发与设计机构逐渐成形，公司继1989年9月在比利时布鲁塞尔成立丰田欧洲创意工作室（Toyota Europe Office of Creation，简称TOYOTA EPOC），于1998年11月开设了位于法国尼斯的丰田欧洲设计中心（Toyota Europe Design Development），最终于2000年2月将EPOC并入其中作为公司在欧洲地区的设计中心。而在日本国内，丰田汽车公司的多数车型设计在位于爱知县名古屋的丰田本部进行，虽然也曾于1982年开设东京技术部设计室负责部分设计业务，但为了适应不断变化的市场需求，1990年5月于东京三田开设了东京设计中心负责部分车型的调查、规划、外形和内饰设计以及色彩设计，并且可以承担比例模型的制作。此后为了制作汽车的全尺寸模型，丰田东京设计研究所于1996年在东京八王子投入使用，并由此将东京设计中心的组织融入该设计研究所，形成新的设计架构，此后该研究所更名为领先设计部，主要负责面向车站的概念车设计。1994年6月，丰田汽车公司为了获得全新的设计

❶　来源：webcartop.jp

❷　来源：scalecar.ru

灵感，开始引入外界设计师进行合作，建立了"合同设计师制度"。

进入21世纪以后，企业设计形象的重要性日益凸显，丰田汽车公司由此开始确立自己的设计美学和设计战略，通过设计为主品牌丰田和豪华品牌雷克萨斯向市场传达不同品牌信息，将科技感、年轻化、自然风等广为世界各国所认知的现代日本的设计元素作为设计研究的重点，将其作为升华为世界价值的日本独创的设计理念。丰田主品牌的设计美学被称为"Vibrant Clarity"，指通过感情和理性的和谐统一来传达活力、明快的设计风格；雷克萨斯的设计美学则被称为"L-finesse"，表达了引导潮流与艺术特质两大理念的融合。

在明确了其设计语言的基础上诸多经典车型得以诞生，2000年以来诸多车型在设计层面获得广泛赞誉。2003年，第二代普锐斯获得了该年优良设计奖的最高大奖，这不仅是丰田汽车公司首次获此殊荣，也是汽车设计界继沃尔沃公司于1994年获奖后第二次摘得这顶桂冠。发布于2003的第二代Raum采取无B柱设计以及全开式车门，此外安全带内置的副驾驶可放倒座椅，不仅有助于拓展车内空间还能满足腿脚不便的老人或残障人士上下车，是通用设计理念应用于家用中小型乘用车的经典案例（图5-66）。发布于2004年的皇冠Majesta则作为第十二代皇冠系列的顶级车型，以灵动而端庄为开发主题（图5-67）。其车身整体沉稳而典雅，部分曲线的转折展现出些许跃动感，装饰以木纹面板与镶嵌工艺的车身内部静谧而充满高级感，该车型获得了2004年的优良设计奖。

相较于美国和欧洲同行，日本各主流汽车品牌一贯强调通过精细化设计在有限的车身尺寸中实现最大的车内空间，日产汽车公司发布于1998年的初代日产Cube则更是将这一理念发展到极致，以确保空间车身整体呈方形。尽管初代Cube的造型显得较为廉价，方正的造型和较高的车顶使其具有宽敞且规整的车内空间，具有高度的实用性。初代日产Cube和同年上市并具有类似造型的本田CAPA以其成功的市场表现，共同在紧凑级车型中发展出高顶旅行车这一日本独有的类型。

❶ 来源：Cargeek

❷ 来源：kakaku.com

图5-66 第二代丰田Raum❶

图5-67 第十二代丰田皇冠Majesta❷

相较于大发Move、铃木WagonR等轻型高顶旅行车，高顶旅行车具有更强的动力和更好的安全性，但其外形设计和空间规划和轻型高顶旅行车互相启发、共同发展。2002年第二代Cube则可谓脱胎换骨，车头和A柱等部位更加方正规整的车身轮廓配以多使用圆角元素的车前脸及车窗形状，让全车显示出精心雕琢后的设计美感，而后车窗的非对称设计则成为Cube系列最知名的设计特征之一（图5-68）。

本时期的日产汽车公司面临着极其困难的经营状况，第二、第三代日产西玛虽然以宽大、优雅的车身设计显示出日产自动车以其对抗丰田皇冠这种具有悠久传统的高端中大型轿车的决心，但在泡沫经济破裂后高端车型销量暴跌的背景下曾成为社会热潮的西玛也未能幸免（图5-69）。此外，第九代日产蓝鸟尽管针对北美市场对20世纪80年代后期车身设计过于刻板方正的造型进行更改，全车以流畅的曲线和适度的运动感示人（图5-70），但其销量大幅下降或许再一次证明了日本汽车市场在审美领域和北美市场的差异，而总体维持了方正造型仅适度引入少量曲线元素的第七代日产阳光等车型销量也不尽如人意。重点车型销量陡降，自20世纪80年代开始的"901运动"则耗费了大量资金用于研发和测试，此外醉心于技术研发的日产汽车公司不长于商品规划和营销，诸多因素导致本时期负债累累近于破产，而日产品牌的持续衰落导致其市场份额逐年下降，最终被本田技研工业公司超越。

1999年，日产汽车公司和法国雷诺集团合作成立日产—雷诺联盟，由时任雷诺集团副总裁的卡洛斯·戈恩（Carlos Ghosn，1954— ）担任社长并进行大刀阔斧的重建运动，尽管其在研发领域激进的开支削减被部分人认为是此后日产汽车公司在技术层面逐渐落后于竞争对手的原因，但从拯救公司这个当初最重要的任务来看，卡洛斯·戈恩对财务的重建和对设计的重视确实使公司迅速起死回生，并在21世纪初推出了一系列充满设计感而令人印象深刻的车型。2003年，进入21世纪以来日产最重要的全球战略车型日产天籁（Teana）诞生（图5-71），尽管在前脸的设计中使用了近似三角形的前照灯和较宽的进气格栅，但车头前脸通过曲线的分割形成了较为柔和的形象，饱满而不失块面感的车身、宽敞舒适的车内空间和颇具现代主义简约美的驾驶舱，这些优点使天籁成为日产中级车的代表车型。

进入21世纪后，日产在设计领域的成功离不开卡洛斯·戈恩1999年从五十铃汽车公司招徕来担任设计中心部长的中村史郎（Shiro Nakamura，1950— ）。五十铃汽车公司作为以卡车起家的汽车制造公司，本时期在乘用车设计领域精品迭出，时任五十铃汽车公司设计部门负责人的中村史郎发挥了关键作用。他出身于武藏野美术大学工业

图5-68　第二代日产Cube❶

图5-69　第二代日产西玛❷

图5-70　第九代日产蓝鸟❸

图5-71　初代日产天籁❹

设计学科，入职五十铃汽车公司后曾赴美国的艺术中心设计学院（Art Center College of Design）进修，此后辗转于该公司的美国、欧洲分部担任商品开发与汽车设计工作。1989年，由中村史郎设计的五十铃4200R概念车以其具有东方式柔和曲线的轮廓和因取消B柱换来的车内空间在东京车展上一战成名。

　　1991年，作为五十铃汽车公司欧洲分部的设计负责人的中村史郎担纲第二代五十铃Piazza的设计工作（图5-72）。初代Piazza由意大利设计·乔治亚罗公司提供设计并广受赞誉，中村史郎在其后继车型中延续了诸如进气格栅、车尾灯等设计元素，而展现粗犷气质的双灯组前照灯、具有流线特征的车后窗及车尾造型均进一步加强了该车型的运动属性。1997年，中村史郎设计的VehiCROSS发布，该车型兼具强壮的力量感和曲线勾勒出的奇特外观，可谓日本所谓跨界车的雏形（图5-73）。在VehiCROSS中充满力量感的饱满车身和个性鲜明的曲线元素成为中村史郎的设计特色。

　　中村史郎入主日产汽车公司的设计部门后，于2002年推出的第五代日产淑女Z（Fairlady Z）已经初步展现出他对于日产全新设计风格的构思。日产淑女Z系列跑车达特森淑女系列的后继车型，自1969年诞生以来便成为日产汽车公司运动基因的代表。前三代淑女Z的设计均具有锐利的车头和扁平的车身，即使加入了若干美式审美元素显得

❶ 来源：ミニバンラボ

❷ 来源：ベストカー

❸ 来源：ビークルズ

❹ 来源：ベストカー

图5-72　第二代五十铃Piazza❶

图5-73　五十铃VehiCROSS❷

更为厚重的第四代淑女Z也基本维持了这一形象，中村史郎则以圆润的线条和饱满的车身等元素带来了近乎离经叛道的设计风格。尽管形象饱满圆润的跑车并非史无前例，例如彼得·施莱尔（Peter Schreyer，1953—）设计的第一代奥迪TT即以圆润的车身形态闻名，但第五代日产淑女Z如金刚怒目般的前照灯与张扬的三角形后车灯给人带来深刻的第一印象，而且相较于奥迪TT均衡和稳重的造型，第五代日产淑女Z的溜背造型使其视觉重心更偏向饱满的车身前部，形成有如出膛炮弹般的高速感（图5-74）。日产淑女Z系列在国际市场以日产Z系列为名发售，本次的第五代淑女Z则冠以日产350Z之名登陆欧美并获得巨大成功，成为日产Z系列至今最为经典的一代。

　　中村史郎入职日产汽车公司初期的另一作品是初代英菲尼迪FX，作为日产汽车公司面向美国市场的豪华品牌，相较于强调静谧性、舒适性的雷克萨斯和标榜运动基因的讴歌，英菲尼迪品牌的市场定位较为模糊，尽管上市之初强调低调的奢华感，但并不愿意放弃日产汽车公司在运动车型领域的优势，而且自初代英菲尼迪Q45试图彰显独特的日式审美，因此不仅在车头部分取消了进气格栅，内饰也未使用豪华车普遍使用木纹饰面，尽管整车具备良好的美学特性，但并不被目标客户所接受，导致在中期改款及此后的换代中抛弃了其标榜的设计美学回归传统风格，因此英菲尼迪相较于雷克萨斯和讴歌而言，其发展从一开始就不顺利。中村史郎为英菲尼迪设计的SUV初代英菲尼迪FX以猎豹为原型，强调充满野性的美感、具有跳跃感的体态（图5-75），推向美国市场后斩获颇丰，为提升英菲尼迪作为豪华车品牌的形象发挥了重要作用。

　　本时期本田技研工业公司最令人印象深刻的车型莫过于1998年推出的本田S2000型跑车（图5-76），作为该公司创立50周年的纪念车型，相较于率先为日本汽车制造商在超级跑车领域树立品牌形象的本

❶ 来源：АвтоГурман

❷ 来源：AutoWise

田NSX而言，S2000的定位则更加强调性价比，并在确保行驶品质的前提下少有地强调燃油经济性。该车的长引擎盖和短驾驶舱的搭配显得充满动力，全车除了锐利的车灯棱线和前包围线条以及流畅的腰线之外少有其他装饰，整体展现出犀利、雅致的风格但少有细节的修饰。作为一款定价较为亲民的跑车，S2000的简约美感不失之于廉价反而强调了其运动属性，将车身设计的平衡感把握得很好。

　　次年，针对丰田汽车公司推出于1997年的首款混合动力汽车普锐斯，本田技研工业公司发布旗下首款混合动力汽车本田洞察者（图5-77）。作为一款普锐斯的竞品车型并强调燃油经济性，本田洞察者是一款极富特色的双座的三门溜背车型，其最大的特色是为减少空气阻力采用了本时期已罕见的半隐藏式后轮，车身总体造型也以空气动力学特性为优先考虑因素，导致车内空间必须做出较大妥协故显得狭小，与激进的外形相比，内饰的设计则因过分简约而显得平庸。总体来看，尽管洞察者的设计极具特色，但也正因为这一原因注定了其不能满足主流市场的需求，但是验证了本田技研工业公司的混合动力技术，并在21世纪被系列化而得以延续。

　　20世纪90年代可谓马自达汽车设计的集大成时期，曾担任马自达公司设计部部长的福田成德（Shigenori Fukuda，1938—）以开发敞篷

❶ 来源：Top Speed
❷ 来源：autoevolution
❸ 来源：livedoor
❹ 来源：カーミー

图5-74　第五代日产淑女Z❶

图5-75　初代英菲尼迪FX❷

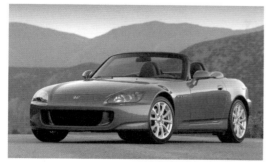

图5-76　本田S2000❸

图5-77　初代本田洞察者❹

图5-78　马自达MX-5❶

图5-79　马自达Eunos500❷

跑车MX-5为契机，其团队针对车辆的总体设计精神提出著名的"人马一体"理念，即通过对车辆结构的合理规划设计让驾驶者在行驶过程中感到仿佛与车合为一体，这一设计精神为马自达公司所采纳并延续至今，强调操控乐趣和行驶质感的理念成为马自达的品牌形象之一。具体到设计领域，福田成德提出"心动"的设计理念，该理念强调通过对曲面车身表面的光影变化进行表现从而展现出令人激动的外形❸，一方面要求对车身的曲线造型加以精确的把握，另一方面要求改进车漆的涂装工艺。

马自达基于心动理念设计的第一款1989年发布其经典车型MX-5（图5-78）。该型车的设计由当时任职于马自达公司设计部的俣野努（Tsutomu Matano，1947— ）、田中俊治（Jyunji Tanaka，1947—2021）等人负责，车身前脸的设计灵感来自日本传统能乐艺术所使用的"若女"面具，圆润的车头加上宛如五官的前灯和进气口相当具有辨识度，车尾灯则借鉴了日本于江户时代所用砝码"分铜"的造型，整车在受到欧洲系跑车理念影响的同时，强调紧凑、轻便、高性价比的日本特色，在全球市场大受欢迎并引发了一波小型跑车的热潮，如丰田MR-S、本田S2000、梅赛德斯奔驰SLK、BMWZ3、菲亚特Barchetta等车型均在一定程度上受到MX-5的影响。此后马自达公司基于类似的理念先后推出新型跑车第三代RX-7、四门中型轿车Eunos500（图5-79）等车型，均拥有优美的车身线条和与之相应的丰富光影效果❹。

5.6　高科技风格的余晖

尽管1991年底泡沫经济的破裂重创了日本的产业界，但日本的工业设计并未因此停滞。究其原因，战后四十余年的经济高速发展背景下，各企业进行了高额且持久的研发与设计投资，其效果的释放是一个存在滞后的缓慢过程，此外相当多企业均拥有雄厚的设计人才储备，因此20世纪90年代的日本设计在相当程度上延续了一直以来重视轻

❶ 来源：lookatthecar.org

❷ 来源：サマリー

❸ 中牟田泰，石原智浩.次世代デザインテーマを具現化したコンセプトモデル「靭」の開発[J].マツダ技報,2011,29:68-75.

❹ 日経設計,広川淳哉.马自达设计之魂:设计与品牌价值[M].李峥,译.北京:机械工业出版社,2019:212-214.

薄短小的高科技风格。通用设计理念在家具与家居用品以及电子设备设计中得以普及，音像类电子产品设计继续引领潮流，交通工具设计为日本品牌的构筑发挥重要贡献，这一切都说明，至少在20世纪90年代，高科技风格依然是日本工业设计的主要特征。

纵观日本自20世纪70年代以来形成所谓的高科技风格，最集中地体现在日本企业技术优势最明显的音像类电器上，技术层面的高科技含量和美学层面的高科技风格或许具有某种程度上的一致性。然而历史证明了日本企业的技术优势并非如当初世人所认为的那般坚不可摧，一项针对美欧日汽车产业的对比研究曾指出日本在创新领域的优势，但同时强调日本的优势多为适度的设计改进和技术应用而非基于自身技术开发的重大创新❶，事实上这一特点不仅反映在汽车设计领域，同样适用于家用电器与个人消费电子产品。然而当技术面临着根本性变革时，始终强调逐步迭代的日本企业则面临着迅速失去技术优势的局面，此时美学层面的高科技风格将成为无源之水。

索尼公司音乐播放器自本时期开始式微就是一个典型案例。当20世纪90年代末信息的数字存储和输出格式逐渐普及以后，mp3播放器迅速取代了曾经的磁带和CD光盘。当模拟时代在音乐播放器领域独占鳌头的索尼公司押注于他们开发的MiniDisc光盘希望延续Walkman的辉煌时，美国苹果公司的iPod数字音乐播放器于2001年横空出世，迅速占领了这一领域的制高点。尽管索尼公司最终放弃MiniDisc光盘转而推出数字音乐播放器，但由于已无法在音乐播放器的开发与设计上引领潮流，该公司在这一领域的光环逐渐消失，此后iPod取代Walkman成为音乐播放器的设计标杆。

20世纪90年代开始，日本产业界和学术界越发意识到单纯依赖"日本制造"的局限性，开始积极尝试在国际标准化组织(International Organization for Standardization，以下简称ISO)、国际电工委员会（International Electrical Commission，以下简称IEC）、国际电信联盟（International Telecommunication Union，以下简称ITU）等技术标准化的全球组织中积极活动，加强日本在制定国际技术标准时的话语权以图向价值链的更高端攀升❷❸。但是相较于欧美，日本政治话语权的弱势以及追求过剩性能造成的高价格导致这方面的进展并不顺利，尽管由图形设计师、多摩美术大学教授太田幸夫（Yukio Ota，1939—）设计的逃生出口标志成功被《ISO 7010安全标志及其使用导则》选为国际标准（图5-80），成为日本设计界津津乐道的成功案例，但当对象是与先进制造业具有密切关联因而具有巨大经济价值的国际标准时，日本往往折戟沉沙。

❶ Clark K B,Chew W B,Fujimoto T,et al.Product development in the world auto industry[J].Brookings Papers on economic activity,1987,1987(3):729-781.

❷ 岩井一幸.デザインにおける標準[J].デザイン学研究特集号,2004,11(4):2-6.

❸ 横田真.我が国の国際標準化活動の展開(国際規格の動向と戦略)[J].日本信頼性学会誌 信頼性,2006,28(4):230-235.

制定非接触式IC卡技术的国际标准ISO/IEC 14443时，日本原本有
意推动由索尼公司开发、在当时具有明显技术优势的Felica技术成为国
际标准，但最终败于欧美国家的阻击。虽然后来应用了Felica技术的
Suica等电车交通卡在日本国内普及（图5-81），基于Felica技术、具有
NFC支付功能的NTT mova P506iC型手机也于2004年开始发售，数年
间具备移动车票、移动钱包功能的手机成为潮流，但从产业角度并未
能在全球得到大范围推广，最终沦为在日本国内市场孤芳自赏。自20
世纪90年代到21世纪初，日本在机器人、防灾避难、通用设计等领域
的国际标准化制定方面有一定斩获，但远无法与欧美等强势国家相比。
20世纪90年代的日元兑美元汇率较《广场协议》前的急剧上浮导致日
本出口商品的性价比大幅下降，国际标准的推广受阻则导致相当一批
日本技术难以在全球范围普及，此类外部环境的恶化加之日本政界与
产业界自身的一系列失误，最终严重影响了日本产品的全球竞争力。

图5-80　逃生出口标志❶　　　　　　　图5-81　日本电车交通卡Suica❷

进入21世纪后，日本家用电器产业开始出现颓势，面对崛起的三
星、LG等韩国品牌，日本的传统家电企业的发展势头明显减速，从技
术到设计层面均面临着韩国企业的步步紧逼，已经无法始终站在引领
全球家用电器发展的潮头。此外，日本经济的持续低迷也严重影响了
高精尖科技产品的市场需求，大约自2000年起商品廉价化现象逐渐普
及化，比起用科技感来营造对未来前景的期待，消费者更青睐具有更
高性价比、能够在当下治愈心灵的产品。

在这一背景下，无印良品、±0、巴慕达（BALMUDA）等新兴电
器品牌逐步受到关注。不同于传统的大型电器企业，良品计划公司和
±0公司等年轻企业既没有从日本制造业起步期投入研发的技术基因，
也没有以某款新型产品引领业界发展方向的历史记忆，因此它们并不
是以技术创新见长的研发型企业，其特点基本来自工业设计所营造的
附加价值。这当然在极大程度上提升了设计师在企业中所发挥的作用，
但某种意义上也可以理解为日本家用电器和个人电子产品的设计风格

❶ 来源：ISO 7010

❷ 来源：Japan Travel

开始趋于保守。无印良品、±0、巴慕达等品牌所代表的强调感性元素而非技术元素的风格是产业现实在设计美学层面的投影，还是日本产业界有意为之的操作，其因果关系恐怕是一个难以考证的问题，但感性主义风格诞生于日本家电产业初现颓势之际是一个不争的事实。

聊以自慰的是，日本在交通工具领域依然维持了良好的发展势头，以新干线为代表的日本电车依然具有良好的技术和市场竞争力。在电车设计中，新干线E2系列车、500系列车、800系列车均展现出良好的设计品位，与此同时以新干线700系列车为代表，以技术需求压倒审美需求的鸭嘴兽形车头开始出现。而纵观日本主要汽车品牌的主流车型设计，相较于20世纪60、70年代以凸显豪华感、力量感为特征的曲线轮廓与80年代强调科技感、理性的直线造型之间形成的显著差异，20世纪90年代日本汽车的设计风格并非对上一个时代的彻底颠覆，而是对直线造型进行有限的修正，并根据目标用户的使用需求和自身的品牌定位，加入了更加灵活的设计处理。丰田汽车公司、本田技研工业公司等日本汽车企业继续在全球市场攻城略地，总体来看即使面临着不景气的经济环境，交通工具设计在市场导向的前提下延续了科技导向的设计风格。

大事记

1991年　日本泡沫经济破裂；"对地球与人类友善的包装展"举办。

1992年　国际设计中心于名古屋设立；艺术工学会（SDAFST）成立；日本就业危机开始出现。

1993年　《福祉用具研究、开发和普及的促进法》颁布；设计奖励审议会发表《应对时代变化的新设计政策的存在方式》；日本产业设计振兴会设立设计人才开发中心；产品科学研究所被拆分后并入物质工学工业技术研究所和生命工学工业技术研究所；亚洲太平洋设计交流中心（JDF）设立；日本展示设计协会（DDA，现日本空间设计协会DSA）成立。

1995年　《容器包装回收法》颁布；日本设计机构（JD）成立；国际室内建筑师设计师团体联盟于名古屋召开年度会议；日本包装设计协会举办第一届日本包装设计大奖展。

1996年　日本福祉用具供给协会（ACGP）成立；《容器包装回收法》颁布；日本产业设计振兴会召开"日本设计推进会议"；日本大学艺术学部增设设计学科。

1997年　《出口检查法》废除；《出口商品设计法》废除；日本工业设计师协会设立"JIDA设计博物馆"；长野新干线开通；丰田汽车公司发布初代混合动力乘用车"Toyota Prius"。

1998年　优良设计选定制度民营化并改称"优良设计奖"；日本感性工学会（JSKE）成立；日产汽车公司发布初代"Cube"。

1999年　川崎市冈本太郎美术馆建成；共用品推进机构（ADF）成立；日本设计事业协同组合（JDB）成立；索尼公司发布机器狗"Aibo"；NTT DoCoMo公司发布由松下电器公司设计制造的初代"RAKURAKU Phone"；NTT DoCoMo公司推出世界最早的手机互联网服务"i-mode"。

2000年　日本政府推进"3R（Reduce、Reuse、Recycle）"政策；《循环型社会形成推进基本法》颁布；《促进老人、残障人士等利用公共交通机关出行便利化法律》颁布；商品廉价化现象逐渐泛化。

2001年　中央省厅再编，经济产业省、国土交通省、厚生劳动省、总务省等新部门成立；前身包括产品科学研究所的物质工学工业技术研究所和生命工学工业技术研究所并入新成立的产业技术综合研究所（AIST）；无障碍—通用设计推进功劳者表彰制度设立；日本机动车殿堂（JAHFA）成立。

2002年　国际通用设计协议会（IAUD）设立；大阪设计事务所协同组合（ODOU）更名为关西设计事务所协同组合（KDOU）。

2003年　经济产业省发布《战略性设计应用研究会报告》；国际平面设计协会联合会于名古屋召开年度会议；九州艺术工科大学并入九州大学，改称九州大学艺术工学部及九州大学院艺术工学府。

2004年　经济产业省、国土交通省、厚生劳动省、文部科学省四部门开始主办造物日本大奖；色彩通用设计机构（CUDO）设立；金泽21世纪美术馆开馆。

2005年　国土交通省颁布《通用设计政策大纲》；松下电器公司发布坚固型轻量笔记本电脑"Let's Note CF-W4"。

2006年　"新日本样式"评选制度设立；人类中心设计推进机构（HCD）成立；儿童设计协议会成立。

第6章
日本制造业下行中的工业设计转型
（2007—2021年）

    21世纪以来，美国基于数字和互联网技术牢牢占据着手机、笔记本电脑等移动端产品设计的高地，韩国和中国在电器、手机、汽车等领域先后崛起，面对着迅速袭来的外部对手，日本制造业不仅显得措手不及更缺乏变革的魄力，在国际竞争中节节失利后退守国内市场。若干知名企业陷入业务削减乃至被整体收购的局面，对于无法引领业界创新的日本企业而言，高科技风格已经难以为继，制造业下行迫使作为制造业附属的工业设计寻找新的道路。在此背景下，日本政府与产业界积极寻求自救，强调设计中的感性因素以提升工业产品的附加价值。尽管依然强势的交通工具设计在相当程度上维持了注重科技感的风格，多数产品领域则呈现细腻、低调以及关注小众需求的风格。内外交困下的日本尚未走出泡沫经济崩溃的阴影，此番转型能否成功有待历史的检验。

6.1　加拉帕戈斯化与设计转型

    进入21世纪后，日本制造业逐渐陷入衰退，这源于诸多内外原因。从日本设计兴起的历史沿革来看，日本以家电产业为首的制造业擅长将既有的产品基于技术的演进设计得"轻薄短小"，但缺乏原创的眼光或魄力，导致当iPod、iPhone等具有颠覆意义的革新型产品出现后无力与之抗争。另一个重要的时代背景是自20世纪80年代以来日元持续升值和人力成本上升所导致的市场竞争力相对下降，高昂的价格下"日本制造"的附加价值已无法说服消费者为此埋单——以技术导向的电子产品缺乏革新，而家具、工艺品等凝聚着创意元素的产品尽管不乏佳作但并非刚需。雪上加霜的是韩国、中国制造业的先后崛起严重打击了日本的传统优势产业，导致日本制造业的进一步衰落，20世纪最后10年日本半导体产业遭到美国、韩国、中国台湾的联合绞杀，导致日本在全球产业链中的上升受阻。日本制造业在前受封堵、后遭追击的双重压迫下陷入了所谓加拉帕戈斯化（Galápagos Syndrome）的困境。

    "加拉帕戈斯化"一词源于隶属厄瓜多尔的加拉帕戈斯群岛，因其远离大陆的封闭环境而演化出了独立的生态系统，该词后被用于形容日本产业界缺乏和全球产业的互融互通，在孤立的商业环境下独自进行改良演化，形成了虽具有部分优势得以高度适应本土市场但缺乏和外部市场互换性从而难以拓展海外市场的特性。这一特性出现在手机、家电、汽车、IT乃至社会基础设施等多个领域，深刻反映出日本产业界在上升通道受阻、泡沫经济崩溃后在发展方向上的举棋不定，虽因坐拥一亿人口规模的国内市场而暂时生存无忧，但不仅无力通过战略性的技术迭代获取优势而且难以面对激烈的全球竞争，从而陷入慢性萎缩的境地。

加拉帕戈斯化最明显地反映在手机设计领域。2007年前后美国苹果公司的iPhone与iOS系统、谷歌公司的Android系统及其适用机型推动了手机的再定义，并逐渐构筑起基于新型移动互联网的服务生态圈。面对以依托于全球市场的战略性技术与产品迭代，日本曾经引以为傲的功能型手机即使在本土市场也呈现土崩瓦解之势，主要的市场份额迅速被iPhone与iOS系统所占领，另一部分则由Android系统收编，仅有的功能型手机多为工作时所用的副机或老人用手机，功能性手机曾经的配套服务则基本被iOS和Android两大系统的服务生态圈所取代。松下公司、NEC公司、东芝公司、卡西欧公司等曾经设计了众多经典功能手机的制造商纷纷退出手机制造领域，而索尼公司、夏普公司、京瓷公司、富士通公司等制造商也已大幅萎缩，尽管依托有利于本土品牌的运营商定制体系其国内市场总额也已不足五成。与手机类似，索尼公司、松下公司等在便携式音乐播放器领域先后面临来自苹果公司iPod和iPhone两款产品的竞争，以Walkman为代表的日本产品逐渐被智能手机取代。

家用电器领域是日本制造加拉帕戈斯化的另一个典型领域，日本在影音娱乐类家电、生活家电及电脑领域先后面临韩国的三星集团、LG集团，以及中国的海尔集团、美的公司、海信公司、联想集团等制造商的竞争。从结果来看，三洋电机公司被松下集团收购后部分业务被出售给海尔集团，NEC公司的笔记本电脑业务被联想集团收购，夏普公司则成为中国台湾鸿海集团的子公司，东芝公司旗下的白色家电、电视机和笔记本电脑业务被拆分后分别出售给美的公司、海信公司和鸿海集团，其他综合电器企业也纷纷在多个领域收缩战线以自保。曾经风靡一时的日本家电不仅在全球市场几乎失去了存在感，即使在日本国内家电市场也不理想。松下公司、日立制作所尽管凭借良好口碑和相对稳定的品质依然保持了一定的高端市场份额，也不乏能够满足日本市场需求的佳作，但已无法在国际市场的竞争中取胜，甚至在日本国内市场也陷入守势。

关于日本家电产业的衰落，自21世纪初各国学者和企业家就进行了思考和总结。除了因日元升值和成本上升造成日本制造失去了原有的物美价廉这一特点之外，泡沫经济破灭后日本国内消费长期低迷，战略性技术投资失误，迷信垂直整合而忽视水平分工，产业链布局过分保守，裁员造成技术外流等原因均为人所提及❶。至于从工业设计的视角来审视日本家电的问题，在家用电器日益普及的背景下，消费者普遍将其认为是日常用品而非耐用消费品，良好的性价比、快速迭代的产品型号成为获得消费者认同的关键，对技术和品质的过度追求使日本电器的长处成为屠龙之技，在技术层面的资金投入无法产生足够的商业利润以反哺企业，导致经营状况的持续恶化❷。然而，产品战略的失败并不能简单归咎于工业设计的效果不彰，当经营决策的失误影响到市场判断、技术研发、营销策略等方面，即使是优秀的工业设计师乃至工业设计部门也回天乏术。

为了挽救日本制造业的颓势，日本政府自21世纪初开始进行了多次尝试。2007年经济产业省颁布《感性价值创造倡议》，强调"感性价值"这一概念对于日本制造业的重要性，将其表述为通过产品或服务传达出能够引发感动与共鸣的信息，并通过产品和服务的提供者与获取者的感性互动与协同创造所产生的经济价值，并将感性价值作为继性能、信赖度、价格之后的第四条价值基轴，用于提升日本制造的附加价值，推动经济成长和产业创新。《感性价值创造倡议》的颁布对于日本的设计政策而言是一次重大的转变，不仅是对21世纪初日本制造业连遭重挫、渐趋颓势这一现实的承认和思考，也预示着日本设计在未来一段时间内的转型。这一转型旨在将设计重点从工业产品的功能、材料、结构等具象而直观的领域转向包括服务、影视、时尚等无形事物在内的一个更广泛的产品概念。

作为落实《感性价值创造倡议》的实际部署，2010年日本经济产业省以设立"Cool Japan"海外战略室为标志开始了"Cool Japan"战略（图6-1）。该战略主要针对被世界各国认为具有魅力的日本产品或服务加强其海外宣传，在2020年东京奥林匹克运动会和2025年大阪世界博览会吸引游客、推动消费，并以此为契机推动日本国内产业的创新和各地区的活化。2011年"Cool Japan"海外战略室一度被改组为生活文化创造产业科，2013年"Cool Japan"机构（又称海外需求开拓支援机构）设立，成为"Cool Japan"战略的主要实施机构。然而，该机构为日本经济开出的药方是将宣传重心放在动漫与漫画、日本料理、流行文化、传统文化等领域，强调通过设计思维将这些文化产品的功能价

❶ 岩谷英昭，松下幸之助在哭泣——日本家电业衰落给我们的启示[M].北京：知识产权出版社，2014.

❷ 岩谷英昭，松下幸之助在哭泣——日本家电业衰落给我们的启示[M].北京：知识产权出版社，2014.

值和感性价值加以整合以提升其魅力，该战略的重心已不再聚焦于曾作为日本强项的工业产品，而是试图通过产品包装、工艺品的设计推动旅游和海外贸易。

图6-1　Cool Japan战略的推广标志 ❶

此外，经济产业省与专利厅于2017年协同开设由设计师、企业经营者、知识产权负责人、咨询业者及学者等组成的研究组织"产业竞争力与设计的思考研究会"，探讨在全球市场技术廉价化、产品同质化的环境下提升日本产业的国际竞争力的途径，在这一过程中将设计作为维持产业优势的关键要素。作为结论，该研究会于2018年发布《"设计经营"宣言》，该文件着眼于设计在品牌塑造和产业创新两个方面的重要作用，在向企业呼吁增加对设计投入的同时提出国家从立法、税收等角度给予支援 ❷。

近20年来日本制造业陷入困局，其存在众多内外原因。纵观日本政府近年的设计行政工作，可以发现其有心再次将设计作为重振制造业的良方。然而，不同于20世纪50年代那个欣欣向荣的高速发展阶段，在制造业不断衰落的客观现实面前只能对设计政策做出重大转变，即尽管依然在尝试振兴制造业，但面对电器、汽车等工业制成品逐渐丧失竞争力的现实，政府在产业政策中被迫更加重视服务业并强调对无形事物的设计，相较于曾经注重通过工业设计为看得见摸得着的产品赋予视觉美感，现在则转向情感的传达与共鸣。

引人深思的是，无论是日本设计发展历程中的商业主义风格还是高科技风格，日本设计师们从来没有忽视文化元素的使用，但只是在产业实践中将其作为设计美学的一环，并体现在一批具有全球竞争力的产品上。今天的日本原本应该思考如何推动更多的企业积极巧用设计，用于广泛吸引不同文化背景和生活习俗的众多消费者，然而目前的设计政策却仅仅把目光瞄准那些已经对于日本文化具有较强认同感的群体。洋洋洒洒的政策文件中看不到曾经利用设计在市场竞争中迎难而上的雄心壮志，只有针对固定群体进行自卖自夸式的营销手段，可以说进入21世纪后日本设计政策的取向已经越发保守和消沉。或许也反映出在制造业下行的背景下，日本政府已经难以在设计行政的工

❶ 来源：say-g.com

❷ 特許庁.産業競争力とデザインを考える研究会[DB/OL].2018[2022-06-01]. https://www.jpo.go.jp/resources/shingikai/kenkyukai/kyousou-design/index.html.

作中找到合适的着力点。

6.2　新时期的设计活动与现象

2007年，一座位于东京都港区赤坂的综合型商用中心大楼——东京中城（Tokyo Midtown）落成，作为一个全新的商业中心该建筑不仅汇聚了众多知名企业的总部、高级餐厅、高级旅馆和美术馆，优良设计奖的主办机构日本产业设计振兴会以及日本平面设计协会、三得利美术馆等艺术与设计类机构也入驻其中。此外，东京中城的附属建筑中还包括由安藤忠雄设计的小型设计博物馆"21 21 Design Sight"（图6-2）。此后东京中城及位于该建筑中的"Design Hub"成为日本设计界举办各类展览和活动的重要活动场所之一。次年，东京中城奖（Tokyo Midtown Award）设立，该奖分为设计评选和艺术评选，前者成为近年来产品、包装设计领域具有广泛影响的重量级奖项。

作为东京中城的附属建筑，"21 21 Design Sight"的概念最初由野口勇、安藤忠雄、三宅一生在1988年提出，当初三人在野口勇举办于纽约的作品展上交流并提及建立一个设计博物馆的必要性，2003年以田中一光的逝世为契机，三宅一生在报纸上呼吁建立设计博物馆并获得了作为东京中城产权方三井不动产的赞同，于2006年宣布创立"21 21 Design Sight"。尽管作为该建筑设计师的安藤忠雄强调该建筑作为展示设计全流程的据点与传统博物馆不同，但从基本功能而言依然可以将其理解为一个设计博物馆。该博物馆由三宅一生、佐藤卓、深泽直人任导演并分担每年数次展览的策划，除了安藤忠雄、深泽直人、佐藤卓、三宅一生以外，吉冈德仁（Tokujin Yoshioka，1967—）、山中俊

❶ 来源：archweb.it

图6-2　21 21 Design Sight❶

治（Shunji Yamanaka，1957— ）、仓俣史朗、田中一光、美国建筑设计师弗兰克·盖里 (Frank Gehry，1929—)等人的个展先后得以举办，此外还有各类主题型的设计类合展和艺术类展览。

不同于英国、法国、德国等其他设计强国，日本国内并没有正式取名为"设计博物馆"的公立机构。目前影响较为广泛的类似机构除了前述"21 21 Design Sight"，另有由日本工业设计师协会于1997年设置的"JIDA设计博物馆"、东京瓦斯（Tokyo Gas）公司的生活设计中心OZONE、位于名古屋的国际设计中心、凸版印刷公司的印刷博物馆、隶属于日本图案家协会的日图设计博物馆、位于大阪的中之岛设计博物馆"de sign de"、2020年从东京国立近代美术馆独立而搬迁至金泽市的国立工艺馆等。这些机构或仅为定期举办展示活动而不具有收藏功能，或只针对部分领域的设计，目前尚缺乏一个能对多领域设计作品进行体系化收藏和展示的常设机构，确实是日本设计界的遗憾。

自明治时代以工艺作为其近现代设计的萌芽期，工艺品、建筑、平面、室内装饰以及家具的设计已开始不断成长，战后摆脱模仿而进入原创期的家电、汽车设计以及独具风格的时尚与服装设计等设计产业的发展已走过一个半世纪，设计的发展历程可谓日本作为现代国家兴衰起伏的注脚，通过设置博物馆来记录和追溯设计历史并以史为鉴可谓必要之举。2012年，时尚设计师三宅一生、美术史研究者青柳正规（Masanori Aoyagi，1944— ）发起并成立了"国立设计美术馆建设会"，明确提出应建立集日本设计于大成、传达其魅力与意义、并贡献于未来创造力的国立设计美术馆。该组织后于2019年改组为法人组织"Design–DESIGN MUSEUM"继续展开活动。

本时期日本国内又出现了一波设计组织诞生潮，其中不仅包括各细分领域的设计协会或设计相关组织，还有一些地区设计组织。前者包括2009年通用交流设计协会（UCDA）成立，2012年由日本展示设计协会发展而来的日本空间设计协会（DSA）和日本地域设计学会成立；2015年日本生活设计学会（JAMTI）和宠物生活设计协会（PLDA）成立；2016年服务设计推进协议会（SDEC）成立；2018年，日本医疗设计中心（MDCJ）和日本医疗福利设计协会（JMWDA）成立；2021年日本木材设计协会（JWDA）成立。关于地区设计组织，继20世纪50年代初至60年代初、80年代末至90年代末之后，2010年后是日本各地方政府成立地区性设计协会的第三个高峰期，其中包括山梨设计协会（2012年）、山口县设计协会（2015年）、山形县设计网络（2015年）、鹿儿岛设计协会（2015年）等。

除了新出现的设计类组织，关西设计事务所协同组合（KDOU）于

2017年改组为日本设计制作人协同组合（JDPU），成立于1987年的熊本产业设计协议会于2018年更名为熊本设计协议会，而日本工业设计师协会则于2021年更名为日本工业设计协会。目前其主要业务内容包括设计相关的调查研究，进行设计研讨，举办设计体验活动，授予设计相关的资质证明，运营设计博物馆，以及推动会员间的交流等。日本工业设计协会将日本全国分为5个地区（东日本地区、中部地区等），各地区均以前述业务内容为中心各自展开活动。

自2007年以来，除了前述东京中城奖之外，其他机构也设立了一些设计奖项，其中由儿童设计协议会于2007年设立的儿童设计奖成为经济产业省设计政策的一环，国际通用设计协议会（IAUD）于2010年设立IAUD国际设计奖以表彰在通用设计领域做出重要贡献的组织与个人。本时期其他较有代表性的奖项还包括设立于2011年的日本文具大奖、设立于2015年的木材设计奖，以及由东京都政府与东京都中小企业振兴工社共同于2015年设立的东京手工奖。

在本时期的各类设计评选中，2020年东京奥林匹克运动会❶各项充满波折的评选则留下了不愉快的记忆。作为奥运主场馆的日本东京新国立竞技场的设计竞标中，由英国传奇女建筑设计师扎哈·哈迪德（Zaha Hadid，1950—2016）监修的方案以其充满前卫感的设计于2012年中标，但该方案因结构复杂导致施工成本大幅超过当初的估算值被取消。日本东京新国立竞技场的设计于2015年再次举办竞标，由隈研吾领衔的团队的方案最终胜出，该方案具有庞大的木质结构和融于自然空间的形象并蕴含着传统美感。

继主场馆设计引起的纠纷后，2015年被选为奥林匹克运动会会徽的方案通过黑、灰、金的色调与几何的切割、排列，并结合日本国旗的图案，对象征东京（Tokyo）、明天（Tomorrow）和团队（Team）的字母"T"进行解构，但随即被质疑抄袭比利时一剧场的品牌标志而被撤换。次年的第二次评选中，由美术家野老朝雄（Asao Tokoro，1969— ）以日本江户时代服饰纹样"组市松纹"为灵感设计，由靛、白二色构成象征多元和协调的环状图形方案被选为新的奥林匹克运动会会徽。奥运火炬则由吉冈德仁设计，顶端呈樱花形状的火炬通过对铝材进行挤压、切削加工成型，火炬的部分材料是由2011年日本大地震后所建灾区临时住房回收而来，用以彰显日本对于灾区复兴的愿望。

近年来各种设计组织的成立、设计奖项的设立乃至设计博物馆的运作均反映出日本民间对设计可能产生的经济效益寄予厚望。在申办2020年东京奥林匹克运动会后，各地政府、民间、企业针对基础设施

❶ 第32届夏季奥林匹克运动会因新冠肺炎疫情延期至2021年7~8月，但仍被称为2020年东京奥林匹克运动会。

改善、景点建设、商品开发等加大投入，试图抓住奥林匹克运动会这一重要商机，以精心设计的公共空间、民宿酒店、工艺品和纪念品等吸引全球游客的光顾或购买。1964年东京奥林匹克运动会曾为日本带来的繁荣景象让日本政府和产业界对奥运效应抱有极深的期待，然而暴发于2020年的新型冠状病毒肺炎导致奥林匹克运动会延期并最终以无观众的形式举办的现实导致这一规划惨淡收场，但从另一个角度而言，新冠肺炎疫情为远程办公、在线购物，以及其他各类非接触性服务带来了刚性需求，从客观而言为无形产品的设计产业带来了更多发展机会。

在无形产品设计的领域，尽管日本的服务业较为发达，但是依托于互联网的新型服务业的发展相比中美两国较为滞后，尽管日本学术界自2005年以来已陆续开始了对用户体验设计、服务设计等新兴设计理论的关注和探讨，但囿于既得利益盘根错节、转型步履蹒跚的日本产业界，相关理论在产业实践中被应用和普及的速度、范围并不理想。除了SONY公司和任天堂公司依托旗下游戏主机等平台提供的游戏产品在一些语境下被纳入了无形设计的领域，近年来由日本所发展的互联网产品中聊天软件Line、时尚购物平台zozotown、二手交易平台Merucari等手机应用均为日本互联网领域数量有限的成功案例。前述应用在强化用户体验的前提下，通过对视觉元素、服务等的设计维持了较好的易用性，但日本企业除了在这些细分领域依托于生活习惯和市场环境的特殊性尚可维持其影响，总体来看日本的互联网产业市场已由美国的强势企业所主导。

6.3　多元化发展的家具设计

持续10年以上的经济低迷导致人们对于高档家具的选择越发谨慎，以繁杂的产品系列和多变的设计风格来吸引消费者的做法已无法持续，作为这一营销与设计路线的典型代表——小菅家具公司于2008年破产。本时期家具制造商的应对策略包括缩减产品线但保持优良的创意，在家用家具上融合传统的工艺形态和设计师本人的感性创意，在办公家具上则向科技化纵深发展。因此，确保一定程度创意、品质优良的廉价家具获得较快发展，这种多元化的发展态势成为本时期家具设计的主要特征。

2014年，秋田木工推出的N005型椅子成为热销一时的名作（图6-3），其设计者是长期沉浸于室内设计和家具设计领域并多次为皇宫、宾馆、银行等进行家具设计的中林幸夫（Yukio Nakabayashi，生卒时间不详）。N005型椅子以直线为主的轮廓展现出简约明快的现代主义风格，椅背到后方椅腿处采用的曲工工艺则带来充满历史气息的曲线美。五十岚久枝设计于2019年的Magekko可谓最大程度发挥了作为秋田木工之特长——曲木工艺，作为设计特色所在椅身由两条曲线所构成，分别为与扶手一体化的椅背上部曲线，以及与后椅腿结合的椅背下部曲线，对两条曲线施以深浅各异的聚氨酯涂装，使椅子看起来上部轻盈、醒目而下部稳定，山毛榉的主材、腈纶羊毛混纺的座面精致且舒适，展现出工艺、造型和功能的完美融合（图6-4）。此外，吉田真也（Shinya Yoshida，1984—）用三根曲木和紧固件构成可拆卸的树形衣架（Tree Hanger）、瑟伦·彼得森（Søren Ulrik Petersen，1961—）所设计的以曲线扶手和麻编座面作为特色的椅子"设想"（Suppose Chair）、佐藤大（Ooki Satou，1977—）的Nendo设计工作室取法于温莎椅的500EB型晚餐椅等，均为本时期的代表性作品。

图6-3　秋田木工N005型椅子 ❶　　　　图6-4　秋田木工Magekko型椅子 ❷

飞驒产业在本时期和众多知名设计师的合作进一步深化，例如和原研哉合作的KH250型低座椅通过一段仿佛连续线条般的木条构成整把椅子的框架，不仅其简洁的外形给人留下深刻的印象，同时能较好地承托腰部以保证久坐在地上的舒适性（图6-5）。英国设计经营大师特伦斯·考伦爵士（Sir Terence Conran，1931—2020）之子塞巴斯蒂安·考伦（Sebastian Conran，1956—）作为横跨诸领域的设计师，于2016年和飞驒产业所在岐阜县政府合作开发SEBASTIAN CONRAN GIFU COLLECTION系列家具，从当地街道旁鳞次栉比的房子提取出纵列的格纹形态，并将此灵感融入本系列家具的造型，其中GC260A型椅子集舒适、轻盈于一身，是该系列家具的代表产品（图6-6）。

　　此外，飞驒产业为了迎接创业百年而和雕刻家三泽厚彦合作推出森罗（SHINRA）系列家具中的AM101型休闲椅（图6-7），大胆地将带有

❶ 来源：家具・インテリアの大塚家具

❷ 来源：家具・インテリアの大塚家具

图6-5　飞骅产业 KH250 型椅子 ❶　　　　　图6-6　飞骅产业 GC260A 型椅子 ❷

图6-7　飞骅产业 AM101 型椅子 ❸　　　　　图6-8　飞骅产业 KE203 型椅子 ❹

❶ 来源：家具·インテリアの大塚家具

❷ 来源：hidasangyo.com

❸ 来源：hidasangyo.com

❹ 来源：家具·インテリアの大塚家具

❺ 新井竜治.山川ラタンの沿革·デザイン·技術の概要 [C]// 日本デザイン学会研究発表大会概要集 日本デザイン学会第 66 回春季研究発表大会.一般社団法人 日本デザイン学会,2019:190.

大量节疤的杉木块组合叠加后挖出椅子的形状，其根雕般的特殊美感令人印象深刻。除此之外，隈研吾设计的 Kumahida 系列中 KP261 型扶手椅、川上元美的 KD220 型扶手椅（SEOTO Armchair）和 KJ201 型晚餐椅（KISARAGI Dining Chair）、奥山清行的 KE203 型椅（Buna Chair，图6-8）作为这一阶段的重量级产品，尽管在造型方面并无重要突破，但在结构、材质和做工等方面富有细节的设计使它们在日本国内获得好评。

在日本家具加工重镇的飞骅地区中，柏木工公司是飞骅产业公司之外另一个历史悠久的家具制造商。相较于一些大规模生产制式家居的公司，柏木工公司强调定制化生产以及日本国内生产，其设计以传统日式风格和欧式现代主义风格居多，一大特色是对其始于1952年的温莎椅加以造型层面的改良，近年来诞生了一批广受好评的改良款温莎木制座椅，如获得优良设计奖的 CIVIL 系列的 CC1K 型椅子，LEI 系列的 LDC01F 型椅子。

尽管山川藤艺制作所早已于1986年因印度尼西亚对藤材的出口禁令等原因破产，但作为其后继者的 YMK 长冈公司继续了各类藤艺家具的制造和销售 ❺，近年来陆续推出了一系列藤艺家具，诸如由安本淳

（Jun Yasumoto，1977— ）设计的藤篮几（Ami Basket Table），田原博臣（Hiroomi Tahara，1977— ）设计的水果篮沙发（Fruit Bowl Sofa）和铲形凳（Scoop Stool），以及由德国设计师简·阿姆加德（Jan Armgard，1947—2022）设计的"放肆"系列桌椅（Cheeky Chair & Cheeky Table），由印度尼西亚家具设计师阿尔文·特吉特罗维约（Alvin Tjitrowirjo，1983— ）设计的花瓣椅（Petal Chair）和逗留长凳（Linger Bench）。

本时期以人体工学椅为代表的办公家具呈现出越发明显的高科技风格，一方面是因为设计办公家具的过程中，新型技术或研究成果会通过家具的结构、零件，以及功能等被自然地呈现出来；另一方面各公司在激烈的市场竞争中，为了表现自身的技术实力，倾向于从造型入手以塑造品牌形象。需要指出的是，人因工学的研究结果以及用户的使用场景存在高度相似性，由此导致各品牌的一部分产品产生造型上的高度趋同。不过，部分公司通过设计的巧思依然为市场提供了一些具有高度识别性和设计美感的产品，伊藤喜公司就是其中的佼佼者。该公司于2006年推出的Spina椅，其由弹性材料所构成的纵肋结构颇具特色，并能根据椅子所受负荷自动调整坐深与坐高。发布于2015年的Flip Flap椅则具有以折纸为灵感设计的多面体椅背，因此能够较好地适应背部的不同姿态，在提供良好包裹和支撑性的同时展现出有别于普通人体工学椅的视觉美感（图6-9）。该公司于2018年又推出了QuA椅（图6-10），其采用曲面构造的网状椅背以及简约的扶手和轮式椅脚形成极其轻盈但不失牢固的整体结构，能根据各种各样的姿势调整靠背

❶ 来源：ITOKI

❷ 来源：ITOKI

图6-9　伊藤喜Flip Flap椅❶　　　　　图6-10　伊藤喜 QuA椅❷

弯折角度并为背部和腰部提供舒适的支撑。

    冈村制作所继20世纪90年代以来，在办公椅领域沿着功能和造型两条路径发展，既有萨布丽娜椅（Sabrina）和豹椅（Leopard，图6-11）这类单纯从功能出发，将材料科学与人机工学的研究成果以高科技风格的造型加以呈现的办公椅，也有Lives Work Chair 和Lives Personal Chair等工作场景下舒适度和装饰感相平衡的典型。冈村制作所还通过与庆应义塾大学的合作，以提取自甘蔗的生物质聚乙烯为材料，用3D打印的方式叠层出椅子的形态，这款名为UP-Ring的椅子的设计显示出独特的有机美感（图6-12）。此外，冈村制作所的Lutz会议椅在使用一体化椅身的同时将构成椅背的面扭转为椅座，利用极其有限的材料和空间实现极简主义风格中的形态变化。

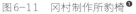

图6-11　冈村制作所豹椅 ❶　　　　　图6-12　冈村制作所UP-Ring型椅子 ❷

    冈村制作所的另一个特点是经常推出基于特定使用场景的家具设计。冈村制作所于2012年发布了"埃尔法1.5（α One Point Five）"系列家具，冈部宪明设计的椅子具有较寻常尺寸宽1.5倍的座面，适合多种姿态的椅背以及可调节的扶手。该椅子搭配上可自由组合的会客矮桌，整体形态舒展且质感细腻，适用于不同的职场环境和场景。发布于2021年的WORK CARRIER系列家具则由小型工作台、长桌、沙发、凳子组成，以别致的色调和优雅的曲线所构筑的家具可通过动态布局来应对多种团队分工场景。在日本的办公家具制造商中，冈村制作所的产品以其完整的产品布局、丰富的功能、优秀的设计成为日本办公家具制造产业的代表型企业，同时也是近年来获得国际各类知名设计

❶ 来源：Architonic
❷ 来源：okamura.co.jp

奖项最多的日本家具制造商之一。

与伊藤喜公司、冈村制作所类似，本时期的国誉公司在办公家具设计领域也进入了一个名作迭出的阶段。该公司通过与德国设计师弗里茨·弗兰克勒（Fritz Frenkler，1954—）的合作诞生了一系列经典作品。公司于2003年推出的ARTIS办公柜，有别于千篇一律的铝合金办公用书柜，上部的磨砂玻璃搭配以表面密布纵横交错长形微孔的柜体，形成独特的质感；其抽屉上方搭配以简约精干并带有锁扣的隐藏式提手。该办公柜的设计一改寻常办公用书柜的乏味的外观，可谓新现代主义的佳作。国誉公司与弗里茨合作的产品还包括AGATA系列中的几款办公椅和AMOS会议椅，这些作品均在确保功能的前提下采用了简约而不失质感的设计。此外，国誉公司自行推出的优秀设计包括2008年的Epiphy会议桌、Avein人机工学椅、All in One会议椅等，相较于冷澈的高科技风格，似乎更倾向于使用柔和的线条和多彩的配色，给人带来舒适轻便、易于使用的亲切印象。

内田洋行作为横跨办公用机器、办公家具、办公系统与软件、教育系统与软件及其他智能办公系统多领域的综合型制造商，办公家具的设计与制造并非其唯一经营重心。然而，相较于主营办公家具的竞争对手而言，该公司的产品并不逊色，近年来也留下了一些较为经典的设计。内田洋行与著名的设计公司IDEO共同开发了针对多元化会议场景的办公家具，包括兼具舒适性、灵活性、移动和收纳的便利性的"节点"椅（Node Chair）；将复合板作为主要材料，在保证办公椅功能性的同时让人感到家用家具般亲和力的MU椅（MU Chair）；椅背和扶手通过滑动和转动机构的设置来贴合人坐下工作时自然移动的背部和肘部，具有高度舒适性的"跳跃"椅（Leap Chair）等。

本时期在家具设计领域较为活跃的知名设计师中，川上元美依然保持着高产的创作节奏并留下了相当数量的优秀设计。他和飞驒产业、康德住宅（Conde House）、冈村制作所、内田洋行等家具制造公司的合作诞生了一批颇具特色的木制和金属家具。2008年为日进木工公司设计的Step Step被川上元美称为自己最喜爱的设计，这是一个圆形座面带有孔洞的木制换鞋凳，配套的木制鞋拔可插入孔洞固定，根据人在换鞋时的行为将与之关联的不同产品结合以诞生出一个全新的形态。2015年为冈村制作所设计的MESHITENDA通过不锈钢骨架和化纤网面的搭配，将精炼而稳重的结构和舒适且富有包裹性的坐感功能融为一体。在办公家具领域，川上元美为内田洋行陆续设计了Regia、Nimbus、Elfie、Pulse等系列办公椅和Legare系列会议桌，均以极简的外观、精巧的结构提供较为充实的功能。其中于2021年推出的Cazetora

系列办公椅则尤其让人印象深刻，该型椅子通过轻薄而富有弹性的椅背提供舒适性，并通过包围住椅背的一体化扶手确保牢固性，是一款功能完善且颇具灵动感的办公椅。

除家具以外，川上元美自2010年以来为桧创建公司设计的一系列木制浴槽可谓本时期的另一个亮点。日本设计师对于木材的偏爱一方面源于该国的审美意识和消费习惯都倾向于具有传承性的产品，另一方面在日本这个资源匮乏的国家里木材是较为丰富的材料，因此木材往往在家庭用品中扮演着重要的角色。桧创建公司的O-Bath系列木制浴槽中部分产品由川上元美操刀设计，采用基于新工艺的多变外形加之摒除金属卡箍而形成的浑然一体感，使其具有了鲜明的辨识度。

传统家具制造商纷纷与设计师深度合作推出各具创意的家具以图获得消费者的青睐，与此同时以Nitori公司、良品计划公司为代表的相对廉价的家具制造商则在这一背景下得以不断发展。Nitori公司作为1967年成立于北海道，初期主营家具售卖的地方小型公司仿效瑞典宜家（IKEA）公司的经营模式崛起并于2006年进入东京发展，次年在中国台湾开店，2013年后陆续进入美国、东南亚市场。无印良品公司也在2000年后持续成长，并开始在中美等国攻城略地。从传统家具制造商和新式家具制造商在业绩层面的一进一退之间，似乎能看到其各自代表的设计哲学产生了某种消长变化。

6.4　衰退与转型背景下的电器与电子设备设计

美国苹果公司于2007年发布的手机iPhone对于日本制造业可谓影响深远，以多点触屏、移动互联网和手机应用生态为特征的新型智能手机（以下简称为智能手机）的出现对缓慢迭代中的日本传统手机形成了巨大压制。不仅如此，由于智能手机具备音乐、视频、摄影与摄像，以及游戏等功能，其普及对于音乐播放器、电视机、数码相机与摄像机、便携式游戏机等传统上属于日本强项的个人消费电器产业也造成了非常广泛的打击。在iPhone的诞生初期，产品的完善和普及以及商业模式的建立和成熟经历了几年的过程，在以iPhone 4、iPhone 4S为代表的智能手机成熟之前，日本手机制造业依然推出了一些堪称经典的产品。

2007年，在au设计项目的基础上KDDI公司发布了由吉冈德仁设计、京瓷公司制造的KDDI Media Skin型手机，该款手机实现了从视觉到触觉层面的深入设计。轻薄的机身具有红、黑、白三种配色，机身的涂层所赋予的不仅是视觉层面的色彩，涂料中因含有硅颗粒使手机表面具有独特的触感。此外该型手机配备了世界上首个26万色QVGA

OLED的显示屏，搭配了独特的翻盖结构，因此不仅具有良好的视听效果，还具有令人记忆深刻的造型和充满细节的高级质感（图6-13）。

图6-13 KDDI Media Skin型手机❶

2007年，深泽直人再次与au设计项目合作并推出了由三洋电机公司制造的Infobar 2，尽管配色依然继承了上一代Infobar的特点，但充满曲线感的饱满机身所带来的视觉和触觉体验充满新意（图6-14）。2009年，KDDI公司创设了名为iida的手机品牌并以此取代au设计项目，但延续了通过与知名设计师合作推出新型手机的做法。当年由深泽直人为京瓷公司设计的翻盖手机PRISMOID再次给人留下深刻的记忆（图6-15）。围绕手机一周的倒角，仅在侧面留下一段空缺用于显示红色文字的提示，整个产品显示出强烈的未来风格。2010年，由工业设计师岩崎一郎（Ichiro Iwasaki，1965—）设计的KDDI iida Lotta发布，其正面轮廓微呈梯形而侧面轮廓纤薄，手机表面不仅色彩对比鲜明且触感细腻（图6-16）。

图6-14 KDDI Infobar 2型手机❷

❶ 来源：サマリー

❷ 来源：The Verge

图6-15　KDDI iida PRISMOID Flip Phone型手机❶

图6-16　KDDI iida Lotta型手机❷

❶ 来源：iTech News Net

❷ 来源：http://time-
space.kddi.com/

❸ 来源：yamaguchi.net

　　本时期日本手机设计充分发挥了国内供应商在影像元件领域的优势，例如KDDI公司发布于2008年的EXILIM W63CA由卡西欧公司制造（图6-17），不仅手机背面形态被设计得与卡西欧公司旗下EXILIM系列超薄相机极为相似，而且手机带屏幕的一端还可以通过内置结构转动180°，转动并合上机盖后几乎完全是一个数码照相机的形态。而KDDI公司于次年发布的Hi-Vision CAM Wooo由日立制作所制造（图6-18），该型手机可拍摄高清视频且与普通摄像机一样具有专用的录制和缩放键以便于拍摄视频，该型手机将具有光学变焦功能的镜头融入翻盖式手机的转轴进行设计，使镜头成为手机背面造型的焦点所在。这两款手机不仅拥有较高的影音性能，而且将这一性能优势通过设计的巧思展现于手机造型之中，可谓日本手机制造商在智能手机爆发前夜最后的努力。

图6-17　KDDI EXILIM W63CA型手机❸

图6-18 KDDI Hi-Vision CAM Wooo型手机 ❶

对于智能手机蕴含的巨大潜力及其对日本电器产业的重大威胁，日本产业界的认识可谓非常迟钝。NTT docomo公司于2008年首次推出基于Android系统的HT-03A型手机——然而其制造商并非来自日本，而是中国台湾的HTC公司。日本各电信网络服务商依然遵循着将本公司的手机网络服务和日本企业制造的传统手机牢牢绑定，而智能手机业务则依赖苹果公司、HTC公司等外来企业的策略。随着iPhone 3GS、iPhone 4的热卖，智能手机的发展势头已显得势不可挡，当掌握着手机开发与制造主导权的日本电信网络服务商反应过来时，日本的手机设计已严重滞后。事实上日本手机制造商大举进军智能手机时已经是2011年，然而此时iPhone 4、iPhone 4S已经占领了日本智能手机界的过半市场份额，日本手机产业在此后的10年内迅速凋零。

尤其是在此之后，通过与知名设计师合作推出新款手机的案例急剧减少，多少可以反映出日本产业界对于智能手机的发展已经逐渐失去信心。2015年，KDDI再次和深泽直人合作，将曾经的热卖品牌infobar打造为智能手机并推出四种型号C01（图6-19）、A01、C03、A03（图6-20），除了C01带有传统数字键盘之外（操作系统同样是Android），其他都是标准的Android智能手机，并且针对系统进行了定制化设计。这一系列可谓日本手机产业的落日余晖，此后尽管索尼公司、京瓷公司、富士通公司等长期深耕于手机设计与制造的企业依然在苦苦支撑，但日本的手机设计不仅再难走出国门，即使在日本国内市场也沦为陪跑，不复当年的辉煌。

尽管在通用化较强的一般市场中日本手机产业逐渐丧失了竞争力，

❶ 来源：GIGAZINE

图6-19　Infobar C01 型手机❶   图6-20　Infobar A03型手机❷

图6-21　初代RAKURAKU Smartphone型手机❸   图6-22　第三代RAKURAKU Smartphone型手机❹

但是在一些次级市场依然推出了若干经典设计。2012年由NTT docomo
公司发布、由富士通公司设计制造的初代RAKURAKU Smartphone
（图6-21）考虑到智能手机时代老年人的需求，较早地对Android系统
进行优化以便于老年人对UI的识别和操作，至于其他非必要的零组
件或功能则并不追求性能的先进，该手机后来由富士通公司系列化并
推出新机型。其中，发布于2013年的第三代RAKURAKU Smartphone
（图6-22）由日本设计中心的原研哉等人担纲设计，通过手机本体颜
色和UI颜色的一体化营造出老年手机中少有的设计美感。京瓷公司则
面向日本及海外市场推出了一系列具有较强防摔、防水、防腐蚀性能，
面向极端环境但造型不失美感的智能手机（图6-23、图6-24）。

　　智能手机的进一步普及对于以电视机、音乐播放器为首的传统电
器形成了取而代之的趋势，但是由于机体尺寸和现有技术的限制，在
高质量的影音播放领域中传统家用电器并不能被取代。尽管在白色家
电领域面临着全面衰退，但如索尼公司、松下公司等技术积累尤其深
厚且财务状况相对稳健的日本企业依然能够在高端的黑色家电领域维
持一定的发展。半导体小型化技术让更加集约化的功能和越发轻薄化
的造型成为可能，与此同时，由按键、旋钮和小型显示屏构成的实体

❶　来源：gadgetreport.ro

❷　来源：Digital Trends

❸　来源：SlashGear

❹　来源：NTTDoCoMo

图6-23　京瓷DuralForce Pro E6810型手机❶

图6-24　京瓷Torque G01型手机❷

图6-25　索尼HT-ST7型组合音箱❸

图6-26　松下Viera EZ1000型电视机❹

化用户界面逐渐消失，取而代之的是主显示屏中或智能手机端数量不断增加的图形用户界面，产品呈现出所谓"非物质化（Immateriral）"的趋势❺。因此，以家用电器和个人消费电子用品为对象的工业设计中，针对硬件的造型设计逐渐被以软件为对象的交互设计所取代，相当一部分电器的传统设计空间受到压缩。在这一趋势下，扬声器、屏幕等纯粹的功能构件几乎占据了组合音响与电视机正面的绝大部分空

❶ 来源：Engadget

❷ 来源：kakaku.com

❸ 来源：Engadget

❹ 来源：Gizmodo Australia

❺ Bürdek B E.Design: History,theory and practice of product design[M]. Walter de Gruyter,2005.

图6-27　索尼Bravia X950H型电视机 ❶

间，很难使用传统的构件表现产品，相当一部分家用电器的造型呈现出极简化的风格取向，尤以电视机为代表的黑色家电设计趋于近似，无论是索尼公司还是松下公司推出的电视机，除了下部支架等细节部位以及遥控器等附属器件外，通体黝黑且形体轻薄的外观让用户难以辨识（图6-25~图6-27）。

相较于凭借在深厚的成像技术积累和深度爱好者的支持依然能够占据高端市场的黑色家电，日本的白色家电从功能、品质上并未能与大举进入日本市场的中国、韩国品牌形成明显差距，多数产品线在外观设计上也相对保守，但松下公司、日立公司、大金公司等部分传统电器制造商针对高端市场依然推出了一些设计感较强且功能颇具特色的产品。日立公司于2011年发布MRO-JV300型微波炉（图6-28），富于细节的造型、鲜亮的配色搭配符合人体操作姿态的微上倾式操作触屏，并集成了蒸箱的功能，确立了近年日立品牌微波炉产品线的基本设计风格。发布于2014年的FTXJ-L系列空调"Emura"是大金公司针对欧洲市场发布的空调（图6-29），空调正面的白色柔和曲面能够融入室内，不仅获得了当年的优良设计奖，还获得红点设计奖（Reddot Award）、德国设计奖（German Design Award）。2015年，日立针对东南亚市场发布了搭载可探知睡眠状况传感器的RAS-VX13CET型空调（图6-30），一改传统空调的方正白色外观，在强化正面轮廓曲线的同时采用暗色金属材质，并且通过黑色条幅和提示灯光强化了传感器

❶ 来源：Abt Electronics

图6-28　日立MRO-JV300型微波炉❶

图6-29　大金FTXJ-L系列空调"Emura"❷

图6-31　夏普ES-P110型滚筒式洗干一体机❹

图6-30　日立RAS-VX13CET型空调❸

部分的存在，产品整体显得紧凑而充满豪华感与科技感。夏普发布于2018年的ES-P110型滚筒式洗干一体机则取消了传统的圆形滚筒舱盖和按键操作区（图6-31），将用于操作的触屏UI界面整合进一体化舱盖，一体化舱盖的透明度随光照角度变化，用户位于正面时可看清滚筒内状况，位于侧面时则显示为镜面，能够完美融入室内环境。

　　面向个人的产品中除了用于娱乐和信息获取的电子产品外，用于健康管理和美容护理等领域的各类电子产品也通过不断更新其造型设计来吸引消费者的注意。欧姆龙公司以发布于2010年的HBF-203型、2012年的HBF-252F型、2017年的HBF-228T型电子体重计为代表，多型类似产品在保持简约造型的同时推出了多配色版本，以色彩设计作为营销手法的一环，为医疗保健用电器赋予全新的市场形象。与之类似的是，富士医疗器具公司作为日本最早的按摩椅制造商，2010年与奥山清行合作推出了KN-10型按摩椅，该型按摩椅以数个版本的明艳色彩设计和接近普通沙发的外观展现出异于同类产品的风格。而该公司于2016年推出的AS-LS1型按摩椅同样采取多配色的设计手法，该型产品另一个重要特色在于该型按摩椅的造型已经基本跳出了传统按摩椅的范围，与做工优美的皮质家具已基本无异。

　　随着日本进入超高龄社会，健康管理、生活照护类电器中面向老人照护的品类越发受到重视。松下公司发布于2018年的步行训练助力器"Walk training robo"即为一例（图6-32），该型产品强调通过促进和辅助老年人步行以提升其健康状况，并可通过设置目标和调节阻尼

❶ 来源：kakaku.com

❷ 来源：aircon247.com

❸ 来源：Hitachi Air Conditioning

❹ 来源：kakaku.com

器等方式提供最适合用户身体状况的助力。同年，松下公司针对长期卧床的老人所开发的XPN-S10601型护理床"Resyone Plus"则融合了电动护理床和电动轮椅的功能（图6-33）。该型产品可以将护理床的一半拆分并变形为轮椅，卧床者只要在此之前自行或者借助外力翻身至变形为轮椅的一侧，即可完成从卧床到乘上轮椅的转换——以往需由他人抱着卧床者来实现。这一产品不仅有助于减少卧床者本人和护理者的身心负担，也能增加卧床者离床进行有限活动的机会。

图6-32　松下Walk training robo[1]

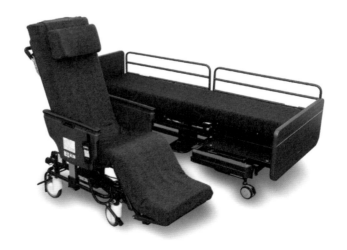

图6-33　松下XPN-S10601型护理床[2]

❶ 来源：Ｗｅｂマガジン「AXIS」

❷ 来源：Panasonic

　　柴田文江在本时期依然与欧姆龙公司等健康用品制造商合作推出了为数众多的经典设计。由柴田文江设计并由欧姆龙公司于2007年发布的HBF-200型电子体重计有别于外形方正的传统产品，本体造型和表面的电极触点、显示屏、按键等均统一采用大圆角和微弧线条，营造出温润的鹅卵石般的视觉形象（图6-34）。除了造型外，为了改善用户体验而加入了较大的显示屏，显示屏下方设有大型开关按键以便用脚也可直接触碰操作。发布于2009年的欧姆龙HEM-1020型电子血压仪也由柴田文江设计，其参考了欧姆龙该系列血压仪的总体风格，通过改进人机工效、交互界面以使用户能够用最舒适的姿态操作、测量以及获取信息（图6-35）。柴田文江在推出MC-670型电子体温计这一经典设计后为欧姆龙公司设计了若干款市场反应良好的体温计，其中发布于2012年的MC-642L型电子体温计成为又一个足以名留设计史的产品（图6-36）。MC-642L型电子体温计专为女性设计，采用的最新检测技术，10秒内即可显示体温，以便上班族女性在忙碌的早晨得以轻松使用，还能快速向电脑及智能手机传输数据以形成健康管理日志。更为重要的是，其造型充分满足了女性的审美喜好，合上盖子后仿佛一款包装优美的便携款护肤乳，扁平的外观和优雅的造型使女性乐于将其携带使用。此外，诸如欧姆龙公司发布于2012年的HEM-6310型电子血压仪（图6-37），医疗用品制造商Sysmex公司发布于2013年的健康监控装置ASTRIM FIT（图6-38），以及无印良品的MJ-WS1K型体重计（图6-39）等均为柴田文江在本时期设计的代表性作品。

---

❶ 来源：Carousell

❷ 来源：Yahoo!ショッピング

❸ 来源：Snapdeal

❹ 来源：オムロン ヘルスケア

❺ 来源：伊藤超短波株式会社

❻ 来源：Buy From Japan

图6-34 欧姆龙HBF-200型
电子体重计❶

图6-35 欧姆龙HEM-1020型
电子血压仪❷

图6-36 欧姆龙MC-642L型
电子体温计❸

图6-37 欧姆龙HEM-6310型
电子血压仪❹

图6-38 健康监控装置
ASTRIM FIT❺

图6-39 无印良品MJ-
WS1K型体重计❻

除了医疗电器之外，柴田文江还参与了不少其他电器的设计，如象印公司发布于2008年的ZUTTO系列家电（图6-40），包括电饭煲、热水壶、咖啡机和烤面包机，以及岩谷产业公司发布于2015年的IFM-S30G型静音搅拌粉碎机（图6-41）。柴田文江设计的这些产品已经不再如曾经的日本家用电器那般，通过强调功能层面的突破或是具备先进的性能塑造先进的品牌形象，而是通过优雅的造型、温润的质感等感性因素赋予产品附加价值，为用户营造温馨、良好的使用体验。这是柴田文江长久以来的设计风格，同时也是本时期日本电器设计的突出特色。

图6-40　象印ZUTTO系列厨房家电❶

图6-41　岩谷IFM-S30G型
搅拌粉碎机❷

以良品计划公司和±0公司代表的新兴电器制造商，近年推出的一系列产品均以用户感性为导向，从造型和质感层面形成自身的特色。例如，深泽直人近年为±0公司设计的XQK-T110型加湿器（图6-42）、Z710式落地风扇，为良品计划公司设计的MJ-CM1型咖啡机（图6-43），基本延续了他自21世纪最初几年的设计语言，运用白色、黑色、金属色等搭配以直线或小弧度且较为规整的曲线，以冷淡中略带温馨的产品造型与质感取代以激发购买欲为导向的高调设计。深泽直人对于产品的表现并不强调个人色彩的表达，而是注入预设场景中产品设计的合理性，以及用户因此对产品下意识地予以接受、共感❸。

需要指出的是，重视感性因素并不代表丧失对先进技术和创新体验的探索，创办于2003年的巴慕达设计公司（现巴慕达公司，以下均使用现名称）在这一点上成为新兴电器类制造商中的典范，与良品计划公司、±0公司类似，均以工业设计见长。尤其是该公司由社长寺尾玄（Gen Terao，1973—）兼任主任设计师，自2010年以来其产品多次斩获优良设计奖。该公司发布于2017年的K03A型电饭煲采用了日本传统煮饭锅具的造型，通过在双层锅体的中空层加水利用蒸汽将饭煮熟以形成格外松软的口感（图6-44）；而发布于2021年的ERN-

❶ 来源：デザインファイル

❷ 来源：シャディギフトモール

❸ 師玉真理，土橋光.深澤直人−デザインの思考における《もの》の位相[J].神奈川工科大学研究報告.A,人文社会科学編,2011,35:9−21.

图6-42　±0 XQK-T110型加湿器

图6-43　无印良品MJ-CM1型咖啡机❶

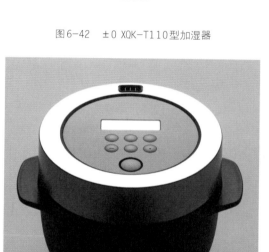

图6-44　巴慕达K03A型电饭煲❷

图6-45　巴慕达ERN-1000UA-WK型加湿器❸

1000UA-WK型空气加湿器其造型有如传统的瓮，古朴端庄的机身顶端凹槽可无须拆装直接加水，极大地提升了使用的便利性（图6-45）。巴慕达公司近年推出的一些产品均较好地在科技与感性之间取得了良好的平衡，创业不足二十年便已成为国内外瞩目的电器制造商。

随着电子技术在日常生活中的进一步渗透，本时期的文具类电器或称数码文具已经不再是新奇的事物。例如，作为卡西欧Name Land系列便签打印机的最新型号，KL-G2型打印机"Biz"（图6-46）、KL-SP10型便签打印机"i-ma"（图6-47）一改曾经由深色涂层和类似计算器造型所营造的冷澈形象和科技风格，白色的主体彩饰以明快的配色显得更具有亲和力。此外，以手写板和笔作为基本形态的文具类电器则更

---

❶ 来源：サクサク研究所

❷ 来源：Yahoo!ショッピング

❸ 来源：ウェブギフト

图6-46　卡西欧 KL-G2型
便签打印机❶

图6-47　卡西欧 KL-
SP10型便签打印机❷

图6-48　和冠 Bamboo
Slate 数码手写板❸

图6-49　三和
400-SCN037型
钢笔扫描仪❹

为常见，例如和冠（Wacom）公司发布于2016年的 Bamboo Slate 数码手写板（图6-48）、同年由三和配件（SANWA SUPPLY）公司发布的400-SCN037型钢笔扫描仪（图6-49）等，均为此类文具类电器的典型代表。

尽管本时期的日本电器设计依然佳作频出，但无法掩盖日本家用电器产业的整体衰退，缓慢迭代的惯常做法无法对竞争对手形成足够的优势，与此同时高昂的价格却严重影响了日本家用电器的竞争力，最终导致几大综合性电器企业经营状况的持续恶化和产品战略的大规模收缩。除了夏普公司被收购以外，松下公司、日立制作所虽然至今仍保持在多种家电领域维持业务，但精力基本集中于面向日本国内市场的高价高档产品，索尼公司的电器制造业务逐渐限于影像、智能手机、游戏主机等少数领域，三菱电机公司、东芝公司则基本告别家用及个人领域，而在办公用品、个人健康管理用品等领域，日本企业维持了较为良好的发展势头。除此之外，对于各制造类企业而言，目前仍保有较强竞争力的工业制成品多为各类公司专用电气设备、电动升降梯、电动扶梯、大型显示屏、楼宇管理系统、大型空调等面向企业客户及公共领域的电气设施。

尽管站在个体消费者的视角来看，公共领域的电气设施与自己的关系远比家用及个人电器更加疏远，但对于设计师而言公共领域中各类电气设施则具有更复杂的操作环境、更高的使用频率，因此此类产品尤其需要工业设计的介入。以专用电气设备 ATM 机为例，日立旗下公司于2012年推出的 Ake-S 型 ATM 机是本时期深度运用通用设计理念的典型案例（图6-50），相较于该公司之前推出的同类产品，同时兼顾了腿部残障者及视力障碍（如弱视、老花眼等）患者的需求。为了便于腿部残障者坐在轮椅上时可贴近 ATM 机进行操作，凸出的操作台面下留出了更加宽敞的腿部空间，同时考虑上半身前倾操作时需要保持姿势，在操作台的下方和侧面均设置了内凹式扶手以供借力。为便于视力障碍患者的使用，则在银行卡和存折口处专门设计了易于辨识的拱形引导框架，并在硬币和纸币存取口周边设置提示灯光加以提示，

❶ 来源：ビックカメラ

❷ 来源：rakuten.co.jp

❸ 来源：Esupro Maga-
zine by ESU Product

❹ 来源：モノナビ

此外还另行设置了照明用的聚光灯。而操作界面的图标和色彩也进行了基于通用设计理念的设计，并取得了色彩通用设计机构的认证——该做法由富士通前沿技术公司（Fujitsu Frontech Limited，以下简称为富士通旗下公司）首先用于2011年推出的FACT-V X200型ATM机上。

　　电动升降梯等楼宇设备是东芝公司、日立制作所等公司在本时期依然能够持续推出新型产品，使得公司暂时避免了陷入快速衰退的境地。发布于2016年的东芝SPACEL-GR Ⅱ电梯增加了扶手和腰部靠垫以及便于色弱者识别的液晶屏，并可选装便于轮椅使用者及儿童使用的操作区，所采用的通用设计手法使各类用户均可轻松、愉悦地使用（图6-51）。日立制作所则于2015年推出以"Human Friendly"为灵感的HF-1型电动升降梯（图6-52），其设计以电梯操作便利性和内部环境舒适性为目标，不仅设计了边缘圆滑的门框和简洁美观的操作界面，还为缓和电动升降梯内的闭锁感而增加了天花板的高度并配合以符合人体舒适度的照明。此后，日立制作所与深泽直人再次合作于2021年推出"Urbanace HF"型电动升降梯（图6-53），该型电动升降梯具有充满清洁感的淡色内饰、自动换气功能、电梯内密度判定功能、可无接触选择楼层的液晶操作区等，在新冠肺炎疫情肆虐背景下试图通过设计探讨应对方法。

❶ 来源：Hitachi

❷ 来源：東芝エレベ一夕株式会社

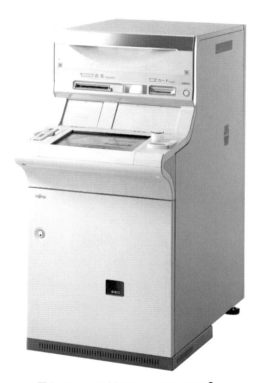

图6-50　日立欧姆龙Ake-S型ATM机 ❶　　　　　图6-51　东芝SPACEL-GR Ⅱ型电动升降梯 ❷

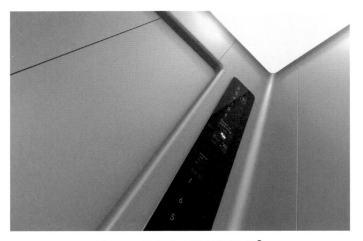

图6-52 日立 HF-1 型电动升降梯❶   图6-53 日立 Urbanace HF 型电动
                                                        升降梯❷

6.5 设计元素多样化的交通工具设计

　　本时期的工业制成品中除了持续衰退的家用和个人电器、基本保持稳定的公共电气设施以外，交通工具领域基本保持了一贯的竞争力，诞生了相当数量的设计佳作。成田国际机场是日本面向国际的大门，其通往东京市中心的线路中，JR东日本采用了E259型电车"成田特快"。E259型电车诞生于GK设计集团之手，这一经典车型一直享有良好的声誉。作为其竞争对手的京成电铁公司是日本著名的私人铁道公司，其运营的京成成田空港线连接着位于东京的京成高砂站和位于千叶县的成田国际机场。为抗衡JR东日本E259型电车，京成电铁公司委托服装设计师山本宽斋（Kansai Yamamoto，1944—2020）担纲京成成田空港线上新型电车的车身造型及其视觉识别系统的设计，新车型名为京成AE型电车"天空邮轮（Sky Liner）"，并于2009年起由日本车辆制造公司和东急车辆制造合作建造（图6-54）。京成AE型电车为了强调其快速性，将车头设计为带有流线造型的锐利切面，蓝白双色的涂装用于表现风的概念，四个前照灯的集中配置则形成了与既往车型迥异的形象。内饰引入日本传统纺织品市松纹样及蓝染布等元素，营造出透明、简约而充满知性的车厢氛围。

　　由冈部宪明和山口浩司（Hiroshi Yamaguchi，生卒时间不详）设计、发布于2018年的小田急电铁70000型特急电车（图6-55）作为连接东京和神奈川县的通勤特快电车，因其周边经过诸多旅游胜地而兼具一定的观光性质，在继承了小田急电铁50000型特急电车前部展望台的同时，宽敞明亮的车窗更加便于乘车途中观景，相较于车头线条锐

❶ 来源：22web

❷ 来源：TECTURE
MAG

图6-54　京成AE型电车❶

图6-55　小田急电铁70000型电车❷

利的50000型特急电车和造型相对圆滑的60000型特急电车，70000型特急电车的前部轮廓更加方正，从而使驾驶舱获得了良好的视野，朱红色的涂装让人想起了曾往复于小田急线上、足以留名于日本电车设计史的小田急3000型电车。

　　2007年，福田哲夫在原有的新干线700系电车的基础上设计的N700系电车发布（图6-56），该型电车由日立制作所、日本车辆制造公司等公司制造，新型电车将车头前端平面逐渐向驾驶舱过渡的形式，改为从车头最前端即引出一条棱形结构，逐渐加宽并向驾驶舱前窗过渡。车头前端左右两侧较为低矮的部分则分别向驾驶舱两侧过渡，形成所谓"气动双翼（aero double wing）"的造型以便气流更快从车鼻两侧流过，此外前照灯也由700系电车驾驶舱前窗下侧移至车头前端。这一造型是鸭嘴兽形车头的进一步发展，并为后续的新干线E5/H5系电车（图6-57）和新干线E6系电车（图6-58）所继承。尽管从减少噪声、节约能源的角度具有技术优势，并显示出一目了然的空气动力特性，但在国际市场竞争中相较于其他国家高速列车相对均衡的造型，其较为夸张的车头长度引起一些设计领域的学者对于其美学特性的担忧❸。然而，直至2019年推出的新干线E956型电车依然保留了典型的鸭嘴兽形车头且其前端车鼻的长度持续增加，可见此种设计在日本近年的新干线电车中或已成为固定的样式，可谓日本新干线电车区别于其他国家高速列车的主要造型特征之一。

　　尽管自新干线E4型电车问世以来，鸭嘴兽形车头成为近年日本新干线电车的主流样式，但与此同时依然存在一些异类，例如于2013年投入运营的新干线E7/W7系电车即展现出独特的造型（图6-59）。新干线E7/W7系电车由汽车设计师奥山清行（Kiyoyuki Okuyama，1959—）担纲设计。奥山清行是近年来在交通工具设计领域享有国际声誉的代表人物，曾历任通用汽车公司主任设计师、保时捷公司资深设计师、宾尼法利纳设计公司主任设计师。作为宾尼法利纳设计公司的首个日籍主

❶ 来源：JapaneseClass.jp

❷ 来源：wikimedia commons（作者：Cfk-tj1596）

❸ 石崎友紀，山本慎二，大坪聡一郎.新幹線車両先頭部の工学的性能と審美的性能の均衡研究－1 同一縮尺模型を用いた高速航空機スタイリングとの比較[C]//日本デザイン学会研究発表大会概要集 日本デザイン学会第58回研究発表大会.一般社団法人 日本デザイン学会,2011:208.

图6-56　新干线N700系电车 ❶

图6-57　新干线E5/H5系电车 ❷

图6-58　新干线E6系电车 ❸

图6-59　新干线E7/W7系电车 ❹

任设计师，他主持了法拉利恩佐（Enzo）、玛莎拉蒂总裁（Quattroporte）等著名车型的设计，并在业界以"首位设计法拉利汽车的非意大利人"而闻名。奥山清行从宾尼法利纳设计公司辞职后成立了自己的设计公司，曾与川崎重工业公司的设计团队合作设计了新干线E6系电车。该车型相较于N700系电车和E5/H5系电车具有更为复杂的前脸棱线，但仍基本继承了鸭嘴兽形车头的造型。这一造型在其设计的E7/W7系电车上发生了改变，作为行驶于东京和金泽这一日本传统工艺与文化兴盛地区之间的电车，E7/W7系电车采取日本传统文化与未来相连接的"'和'的未来"这一理念，采用了鸟喙形车头并在车身涂装中使用了日本传统工艺品中相对常见的天蓝色和古铜色，部分车型还短期使用过曾出现于新干线E1型电车涂装中使用过的朱鹭色，可谓继新干线800系电车之后又一型以传统元素作为设计语言的新干线电车。

由女性建筑设计师妹岛和世（Kazuyo Sejima，1956—）为西武铁道公司设计的西武铁道特快列车Laview于2019年投入使用（图6-60），该型车独特的球形车头、高亮度的银色车身展现出与其他都市特快列车截然不同的风貌。此外该型电车以"客厅一般的特快列车"作为设计概念，在车体强度允许的最大范围内增加了车窗的面积以展现出良好的观景性。次年，近畿日本铁道公司发布了由GK集团设计，并由

图6-60 西武铁道特快列车Laview❶   图6-61 近铁80000型电车❷

近畿车辆公司制造的近铁80000型电车（图6-61），该型车涂装为酒红色，切面型车头展现出一定程度的流线造型并饰以LED灯带，全车展现出锐利而干练的高科技风格。

2021年，大阪地铁公司发布了由奥山清行设计、日立制作所制造的大阪地铁400系电车，宛如宇宙飞船般充满未来主义风格的外观是其最大特征，车头配备的大面积玻璃和配备于四角的LED前照灯颇具科幻色彩。该车为迎接2025年大阪世界博览会而特定设计，因为该车辆被设定为运行在连通世界博览会场馆所在地的大阪地铁中央线上，因此特地设置了观景座位。在功能上与充满科幻色彩的车身造型所匹配的是，该型电车不仅配备了可自动调节车内环境的智能空调系统，还计划设置自动驾驶功能。作为日本通过世博会展现其发展风貌的窗口，大阪地铁400系电车可谓是近年最大程度上展现高科技风格的代表车型。

2010年后丰田汽车公司在小型车的设计方面频频获得注目，即使在小型车这一有限的范畴内依然面向各细分客户层及用户场景精准规划了多款车型，并获了市场的认可。第二代Passo面向年轻女性，主打自然氛围的创设；初代Aqua以打造日本国内小型汽车开发标杆作为追求目标（图6-62）；第二代Porte则注重通用设计理念，以满足老年和残障用户为突出特色，在维持较小离地间隙的同时加装小型车上极其少见的滑动门，以便于腿脚不便者能够相对容易地上下车（图6-63）。

2012年丰田汽车公司面向欧洲市场推出其紧凑型汽车第二代丰田Auris，通过该型车的前脸设计发布了全新的"keen look"设计风格，以浅V字形的前脸分割、横向发展的前照灯及大尺寸且位置较低的进气格栅模拟猛禽狩猎时的神态，以此展现丰田品牌各车型锐利、理性、精干的气质。这一风格主导了下一个10年中丰田品牌众多主流车型的设计风格，如第十代凯美瑞（图6-64）、第十二代卡罗拉（图6-65）、

❶ 来源：鉄道コム

❷ 来源：鉄道コム

图 6-62　丰田 Aqua ❶

图 6-63　丰田 Porte ❷

图 6-64　第十代丰田凯美瑞 ❸

图 6-65　第十二代丰田卡罗拉 ❹

第二代 Mark-X、第十六代皇冠等车型，这些车型在前照灯、进气格栅、车头前包围等元素的造型均一改前代车型的稳重和典雅，显得年轻而颇给人以咄咄逼人的观感。

　　但丰田汽车公司在本时期最引人关注的转型则在于对新能源的使用。早在 20 世纪的最后 10 年中该公司便已投入了对新能源车的开发，推出的世界上第一辆量产化新能源车普锐斯经过两次更新换代，第三代普锐斯已经成为混合动力车的标志性车型（图 6-66），基于空气动力理论改善车身轮廓并强调内饰的人性化，其设基本车型及延伸车型普锐斯 α 获得国内外众多荣誉。历经三代的成功，进入 21 世纪后普锐斯已经成为丰田汽车公司的代表性车型，因此发布于 2015 年的第四代普锐斯及其插电式混合动力车型普锐斯 PHV 在成为首个采用丰田新一代全球汽车架构（Toyota New Global Architecture，简称 TNGA）的车型。第四代普锐斯的车体（图 6-67）采取低重心的设计并在造型上强调兼具行驶乐趣、乘坐舒适性、安静性等特征，在车头车尾的结构曲线和部件边缘的造型处理上都显得较为激进，其中戟形车头灯、三角雾灯、棱线醒目的发动机舱盖、从腰线转折至车尾并将尾厢玻璃一分为二的异形尾灯等特征尤其醒目，改变了第三代普锐斯在彰显科技感的同时

❶ 来源：グーネット

❷ 来源：カージャパン・インフォ

❸ 来源：kakaku.com

❹ 来源：Car Watch

图6-66　第三代丰田普锐斯❶

图6-67　第四代丰田普锐斯❷

不失稳重造型的设计取向，进而显示出年轻化、运动化的特征。

作为丰田计划中下一代新能源车型技术的标志车型，发布于2014年的初代丰田Mirai搭载了氢燃料电池，其设计风格如同其定位一般彰显引领未来汽车发展的高科技风格。圆形外缘的引擎盖紧贴着的线形前照灯展现出理智而冷澈的犀利气质，进气格栅则一改置于车头正中的传统造型，两个倒三角形的进气格栅分左右布置于前照灯下方，是为该车型的最大视觉特征。同样值得称道者，前后翼子板充满动感的曲线与车身侧面肩线、腰线联动形成复杂多变的曲线，随着车身运动带来转折变换的光影效果。贯穿车尾灯下方另有两个倒三角形的车尾灯，三个车尾灯形成的造型与车头形成呼应。而驾驶舱内大弧度曲线和高对比色彩形成兼具视觉冲击和科技风格，同样表现了丰田试图展现出本车型引领未来发展趋势的意愿。

初代丰田Mirai（图6-68）仅从设计而言不可谓不成功，兼具科技感和运动感，并符合丰田品牌未来车型的定位，然而该型汽车并未能引领新能源车的发展方向——尽管丰田汽车公司反复通过大众媒体宣传氢能源的优越性并于2020年发布了第二代丰田Mirai，但在中国、美国、德国等主要汽车制造大国均先后选择电力作为新一代汽车的能源后，只有日本汽车制造商一直坚持的氢能源路线在可预见的未来已落入独木难支的局面。丰田汽车公司于2022年发布了旗下首款基于新开发纯电平台的车型丰田bZ4（图6-69），或许预示着经过数年的抗争和摇摆，该公司终于面对现实。

作为首款基于纯电平台打造的车型，丰田bZ4是一款颇具特色的SUV，与其他电动车一般取消了进气格栅的同时，前照灯延续了近年来常见于丰田车型的窄型线性车灯，车尾的倒三角形车灯则与初代丰田Mirai颇有相似之处。bZ4为了彰显其能够行走于恶劣路况而针对前后翼子板的材质选择了未施涂层的原色工程塑料，而车顶不仅加装了

❶ 来源：kakakumag.com

❷ 来源：WEB CAR-TOP

图6-68　初代丰田Mirai❶

图6-69　丰田bZ4❷

用于节省电力的太阳能板，且在车顶后援加装了两个基于空气动力学并向后延伸的小型尾翼。此外，造型激进而充满科技感的驾驶舱给人以科幻电影中航空飞船的印象。总体而言丰田bZ4是近年继丰田Mirai之后最富有进取精神、包含了最多面向未来的设计元素的车型，然而因为其对未来汽车动力路线的固执与犹疑，导致丰田汽车公司进军电动车领域明显晚于国际市场上的竞争对手，bZ4能否在新能源时代力挽狂澜有待市场的验证。

2007年，日产汽车公司推出了第六代日产GT-R型跑车（图6-70），相较于以经典车型日产Skyline作为母本的前五代，第六代日产GT-R的设计工作由中村史郎担纲并成为其代表作。其采取了全新设计的车身，与当时在扁平楔形车身基础上加上符合气动力学特性的一系列曲线造型相比，不仅车头更为圆润且其车身侧面的块面感也更加明显，比起通过设计表现速度感的常见做法，第六代日产GT-R所展现出的力量感更令人难忘。车尾使用第三至十代日产Skyline所采用的双灯组车尾灯，展现了其传承自Skyline的血统。独特的设计风格加之不俗的性能，使第六代日产GT-R型跑车及其后续改型在跑车爱好者中获得大量拥趸。

第五代日产西玛发布于2012年，作为日产品牌的次顶级车型肩负着塑造本时期日产品牌的重任（图6-71）。相较于以往的历代日产西玛多强调在稳重、低调中适度展现奢华感的做法，第五代西玛展现出更加富有力度的曲线造型，从进气格栅到发动机舱盖中部的饱满线条给人以蕴含着极强动力的印象，尾端上挑的前照灯上方发动机舱盖的边缘处以及前照灯两侧的翼子板勾勒出醒目的棱线，让该车展现出一个天庭饱满、眉骨颧骨高耸且肌肉虬结的壮汉形象。这一形象其实已经在中村史郎于数年前设计的初代日产天籁中有一定程度的展现，但西玛将车身所蕴含的力量展现得更加明显，此外西玛的同平台车型还以日产旗下高端品牌英菲尼迪的Q70L之名在海外市场发售。

❶ 来源：GAZOO
❷ 来源：レスポンス

发布于2010年的日产Juke是中村史郎加入日产汽车公司后推出的跨界车（图6-72），以该车的推出为标志，日产汽车公司推出了作为其家族式设计特征的V-motion式前脸，通过将V形镀铬条饰于各车型的进气格栅中网形成统一的设计语言。日产Juke的最大特征是作为跨界车的独特造型以及车头的分体式大灯，该车型融轿跑与SUV为一体，车体充满力量感，车顶角度让人看出尾部明显收拢的形象。这一造型造成内部空间较小导致毁誉参半，但显示出如第五代日产淑女Z和第六代日产GTR般如出膛炮弹般的速度感——这种形象并不来自符合空气动力学特性的优雅曲线，而是来自车体重心靠前和饱满车头所营造的力量感，具有明显的中村史郎个人色彩。车头由细长上挑的日间行车灯和下方的圆形前照灯形成极具辨识度的前脸表情，与之相对的是V-motion式前脸仅以较小的V形镀铬框架将车标围住，这一设计语言的应用依然显得非常保守。2012年第二代日产Note（图6-73）开始将进气格栅的V型镀铬条与前照灯进行形态上的联结，以形成更加连贯的前脸表情，此后V-motion式前脸才得以充分发挥其在日产品牌汽车形象构造中的作用。发布于2013年的第三代奇骏（X-TRAIL）、2016年的第五代Serena、2019年的第四代轩逸（Sylphy）等车型中，将车标、V形镀铬饰条、前照灯和进气格栅等集中布置形成翼展形态，加强了

❶ 来源：東洋経済

❷ 来源：グーネット

❸ 来源：クリッカー

❹ 来源：Cargeek

图6-70 第六代日产GT-R❶

图6-71 第五代日产西玛❷

图6-72 初代日产Juke❸

图6-73 第二代日产Note❹

前脸的一体化设计。

　　相较于丰田汽车公司和本田技研工业公司在新能源车型的解决方案中长期押注于氢能源电池路线，日产汽车公司是最早投身于电动汽车开发的日本汽车制造商。2010年日产汽车公司发布旗下的紧凑型电动汽车聆风（Leaf），一时在世界范围内引起了电动汽车的热潮（图6-74）。事实上，直至2019年，日产聆风依然是全球范围内累计销量最高的电动汽车，次年才被特斯拉Model3超越。相较于同时期的第三代丰田普锐斯、第二代本田洞察者等新能源车型——尽管它们均为混合动力，初代日产聆风通过格外简约的车身造型展现出洋溢着未来感的色彩。然而值得惋惜的是，2017年聆风换代时该车型的独特设计被彻底整合进V-motion设计语言中，尽管统一了旗下各车型的品牌形象，却让聆风这一代表日本电动汽车新路线的车型失去了鲜明的革新色彩。

　　本田技研工业公司以其在小型汽车领域的市场优势维持了良好的增长势头，在进入新世纪前成为各汽车品牌在日本国内市场占有率的第二名。在该公司于本时期推出的一系列小型汽车中，第二代本田N-Box是最为成功的车型（图6-75）。第二代本田N-Box不仅拥有同级别车型中最为低矮的底盘和最为方正宽敞的车内空间，车身两侧后车门采用滑动门便于身体不便者上下车，而车尾行李舱甚至可选装便于轮椅移动的可伸缩的斜坡式滑道，行李舱之宽敞甚至可以放入普通的自行车，该型车在有接送老人和孩子需求的日本家庭中受到广泛欢迎。

　　尽管本田技研工业公司在日本本土市场以生产大空间的家用小型车见长，以本田思域、本田雅阁等为代表的紧凑型轿车、中型轿车则以其良好的燃油经济性与行驶品质成为北美市场的标杆车型。其设计品位长期一以贯之，通过楔形车身和扁平的前脸表现犀利的运动风格，然而自21世纪10年代开始其设计风格开始出现转型的迹象。2013年，本田技研工业公司提出全新的设计理念"EXCITING H DESIGN!!!"，强调技术、形态与质感的统一❶，作为全新家族式设计特征的"Solid Wing Face"以

❶ 本田技研工業株式会社.Hondaデザインの新コンセプト「EXCITING H DESIGN!!!」を発表[EB/OL].2013-09-05[2022-09-29].https://www.honda.co.jp/news/2013/4130905.html.

❷ 来源：Cargeek

❸ 来源：マイナビニュース

图6-74　初代日产聆风❷　　　　　　　图6-75　第二代本田N-Box❸

车标为中心，大面积的镀铬饰条沿水平方向延展至两侧前照灯而形成翼展的形状。相较于本田品牌以往因细长而显得犀利而低调的前脸，无论是大面积的两面镀铬材质还是细节更加丰富的进气格栅和车灯，均让风格相对低调的本田旗下各车型展现出更高的辨识度。

无论是作为轿车代表的第九代、第十代雅阁（图6-76）和第十代思域（图6-77），作为城市SUV标杆的第二代HR-V、第五代CR-V，还是小型车本田飞度（Fit），其前脸造型均在统一的家族化设计语言下展现出高度的品牌辨识度。这一设计语言将发布于2017年的第二代本田N-Box、2018年的混合动力车第三代洞察者也囊括在其中，甚至在本田技研工业公司推出的首款氢能源汽车本田Clarity FCV中，依然存在高度的类似性。此外，本田品牌紧凑级与中级轿车的车身设计中常见的楔形车身，在代表的第九代、第十代雅阁和第十代思域等车型进行了大幅修正，造型抢眼的前脸下包围、轮廓饱满的发动机舱盖、个性张扬的肩线与腰线，这些元素颠覆了本田的原有形象。

本田技研工业公司和日产汽车公司在统一其全球车型的设计语言中付出了艰辛努力，这一过程也成功塑造了它们在本时期鲜明的品牌形象。汽车产业使用家族式设计语言已是寻常之举，曾担任戴姆勒·奔驰集团造型主管的布鲁诺·萨科（Bruno Sacco，1933—）提出所谓横向一致性（horizontal homogeneity）的理念，此后包括日本在内的各国汽车制造商通过家族化的设计语言维持其产品形象的做法越发普及，然而日本的情况尤其复杂。

首先，日本与美国在用车环境上存在巨大差异。相较于日本的过亿人口，其宜居空间狭小，导致道路狭窄且停车空间较为局促，但以铁道和公路为代表的基础设施发展较为完备，日本家用汽车往往充当电车车站与家之间的次级交通工具及短途出行的代步工具。客观现实要求日本的汽车制造商面向其国内市场大力发展轻型汽车，尤其是车身造型尽量向立方体靠拢以便最大化车内空间的车型，但对于车辆动

❶ 来源：イキクル

❷ 来源：NEWCAR-DESIGN

图6-76　第十代本田雅阁 ❶

图6-77　第十代本田思域 ❷

力、通过性的要求则相对较低。与此同时，美国市场对于动力和通过性的要求较高，自战后大力发展对外贸易尤其是对美贸易的日本汽车制造商需要大力发展面向美国市场的中型轿车乃至SUV。

其次，日本与美国在设计审美上存在较大差异。尽管从世界范围来看，汽车设计的风潮具有相当程度的一致性，但归根到底日本国内市场对于汽车设计的审美风格和美国市场所偏好的风格差别较大，相较于日本市场乐于接受趋于方正的车体造型，美国市场在相当长的时期则显示出对曲线等设计元素的偏好。同一车型企图兼顾美日两大市场对于造型的需求非常困难，第四代达特森蓝鸟和第二代日产Silvia的惨败即为其佐证。

日本汽车制造商既然面临着在车身尺寸与造型、审美风格两个层面的高度割裂，如何让统一的全球设计语言覆盖旗下各车型成为难点。丰田汽车公司的模式是将轻型车交由旗下的大发汽车公司，因此得以专注于统一其他车型的设计。本田技研工业公司和日产汽车公司则需要考虑如何将充满动感的"Solid Wing Face"和"V-motion"形象自然地赋予面向日本市场的轻型车——这些轻型车从前往往强调和家用定位相符的温馨、实用色彩。从结果看它们都较好地达成了其目标，无论是第二代本田N-box、初代本田N-WGN（图6-78）还是第一代日产ROOX、第二代日产Days（图6-79），在应用其统一的设计语言后都显示出与以往中庸而缺乏特色的轻型车完全不同的面貌，然而更加富有性格的设计并未减损它们的实用形象。

在丰田汽车公司、本田技研工业公司、日产汽车公司这三大汽车制造商之外，无论是2017年由重工业公司更名而来的斯巴鲁公司，还是一贯以轻型车开发而知名的铃木汽车公司，在本时期均推出一系列经典车型。但最为抢眼的中小型汽车企业莫过于马自达公司，分别于2015年和2017年的国际东京车展上亮相的马自达概念车RX-Vision

❶ 来源：クリッカー

❷ 来源：クリッカー

图6-78　初代本田N-WGN❶

图6-79　第二代日产Days❷

（图6-80）和Vision Coupe昭示了近年来该公司"魂动"设计的精髓——洋溢着生命感并让人为之心动的动感❶，"魂动"设计强调将充满生命力的形式为关键，以表现出野兽般伏地的安定感和捕猎的跃动感。为了让人感受到车身线条和块面的动感，通过简洁而充满立体感的造型设计赋予车身以张力，以形成轻快、富节奏感的形象❷。此外，马自达公司的色彩设计师和涂装工程师专门开发了名为"水晶魂动红"的面漆涂料及配套涂装工艺，新开发的高彩度涂料在使显色更纯的同时利用涂料内的吸光薄片吸收反光以增强着色的浓度，同时实现了提升高光的鲜艳度和着色的深度，赋予了"魂动"设计理念下车身鲜艳而不失深邃的光影效果❸。RX-Vision和Vision Coupe两款车均以充满跃动感的车身比例和舒展的整体线条显示出优雅却充满动能的形象，并展示了马自达公司此后一段时间的设计风格。

　　2012年，CX-5搭载着马自达最新研发的"创驰蓝天"技术隆重登场，该车是"魂动"设计理念下的第一款量产车，由谏山慎一（Shinichi Isayama，生卒时间不详）设计。其进气格栅下的镀铬线条搭配剑眉星目般的车灯显得格外犀利，车身肩线和腰线搭配显示出精致而不失干练的块面感，配合"水晶魂动红"的涂装极为惹眼，其成功的市场表现证明了设计理念的成功。而5年后所推出的新一代CX-5尽管弱化了车身线条，但搭配新涂料的车身曲面却显示出更加复杂多变的光影效果，可谓"魂动"设计理念的进一步发展❹。2015年，第四代MX-5一发布即引发市场热潮，这一代车型在继承了历代MX-5长车头、短车尾、软顶敞篷等经典设计元素的同时，通过将驾驶舱适度后移、上移使其以较小的车身获得了良好的操控性，使驾驶者能充分体验马自达"人马一体"的造车理念（图6-81）。至2016年在累计产量突破百万大关后，在"世界年度车型"评选活动中斩获两大奖项，不仅是日本汽车制造商首次获此殊荣，也是"世界年度车型"评选成立以来首次出现连获两项大奖❺。

❶ 中牟田泰，石原智浩.次世代デザインテーマを具現化したコンセプトモデル「靭」の開発[J].マツダ技報,2011,29:68-75.

❷ 田畑孝司.新型アクセラにおける魂動デザイン[J].マツダ技報,2013,31:9-13.

❸ 杉山裕基，森脇幹文，高橋克典.「魂動」デザイン実現に向けた生産技術の取り組み紹介[J].マツダ技報,2017,34:70-74.

❹ 日経設計，広川淳哉.马自达设计之魂:设计与品牌价值[M].李峥，译.北京:机械工业出版社,2019:50-57.

❺ 日経設計，広川淳哉.马自达设计之魂:设计与品牌价值[M].李峥，译.北京:机械工业出版社,2019:60-67.

❻ 来源：AutoNXT

❼ 来源：T's MEDIA

图6-80 马自达RX-Vision概念车❻

图6-81 第四代马自达MX-5❼

6.6 产业困局与感性简约风格转型

自20世纪90年代初泡沫经济破裂以来，日本经济历经90年代中后期的金融机构倒闭潮、2008年金融危机、2020年以来新冠肺炎疫情的打击，虽然偶有触底反弹但总体发展停滞，国民可支配收入至今未恢复20世纪90年代初的水平，对于未来形势则越发失去信心，在此背景下日本人的消费取向越发保守，其国内市场对拥有奢华外表和过剩功能的昂贵商品不再有旺盛的需求，同时开始关注性价比较高、在物质欲望趋于平淡后能带来情绪价值的商品。此外，独居人口的增加也让那些为标准的中产家庭生活而设计的成套家具、大型家电、中型汽车缺少用武之地，面向单人生活、仅满足基本需求的简易或移动家具、小型家电、微型汽车则相对增长较快。

例如，良品计划公司于2019年发布由MJ-SCM1型咖啡机、MJ-SRC15A型电饭煲、MJ-SOT1型面包机组成的无印良品单人生活厨房电器三件套装（图6-82），两年后再次推出由MJ-R13A型冰箱、MJ-W50型洗衣机、MJ-SER18A型微波炉组成的无印良品单人生活简约电器三件套装（图6-83）。小巧而精致的各型电器既无华丽的外表也无先进的功能，但简洁耐看且满足日常生活中的基础需求无虞，让一人独居的上班族能够舒适地使用，放置在家中也颇显温馨，是较好切合日本市场当下需求的典型设计。然而回首松下电器公司于1974年推出的"爱的颜色"系列家电，夏普公司于1976年提出"新生活商品战略"后推出的一系列家电，当年奋发上进的战后婴儿潮一代无不满怀着对未来的期待，处于上升期的日本企业则为他们推出各种造型和功能均大胆革新的设计，今天的日本社会和日本设计尽管依然能维持较为体面的水平，但已看不到当初那种敢为天下先的雄心壮志，颇令人唏嘘。

图6-82 无印良品单人生活厨房电器三件套装❶

图6-83　无印良品单人生活简约电器三件套装❶

　　这种设计风格的转变不应仅仅归因于宏观的环境，如果聚焦于产业现实思考其与设计的关系，可以发现近10年来日本制造业江河日下。除了夏普公司被收购以外，松下公司、日立制作所虽然至今仍保持在多种家电领域维持业务，但基本集中精力于面向日本国内市场的昂贵高端产品；索尼公司的电器制造业务逐渐限于影像、智能手机、游戏主机等少数领域；三菱电机公司、东芝公司则基本告别了家用电器和个人消费电子产品领域；良品计划公司、±0公司、巴慕达公司、爱丽思欧雅玛（Iris Ohyama）公司、cado公司新兴电器制造商尚难入主流。此外，尽管在面向企业用户的电气设备以及办公用品、个人健康管理用品等领域部分日本企业依然有一定程度的发展，但总体来看，日本电器制造产业的大幅衰退已经是不争的事实。

　　这种衰退并不代表日本电器产业界无法设计出将优美造型和便利功能融为一体的产品，事实上，无论是技术储备依然雄厚的黑色家电领域还是惨淡经营的白色家电领域，依然出现了一些颇具特色的产品。然而，在不景气的市场环境下，各电器企业纷纷陷入经营困难乃至破产重组，随之带来企业发展规划的高度不确定性，经营部门不敢提出引领时代风潮的产品规划，不求有功、但求无过的经营思路必然导致设计部门趋于保守，加之黑色家电的非物质化趋势令工业设计师在硬

❶ 来源：家電 Watch

件层面的施展空间越发狭窄。因此本时期尽管很多日本家电与个人消费电子产品的设计依然具有丰富的细节和良好的质感，但已经很难重现曾反映着日本企业雄心的高科技风格。取而代之的是以隐藏物欲、造型简约、富有人情味的设计风格，柴田文江、深泽直人、寺尾玄等人的设计均较明显地反映了这一特点。

相较于经历了大起大落的家用电器和个人消费电子产品产业，本时期家具与家居用品设计基本沿袭了日本式现代主义的风格，但家具的选材、造型的表现等则呈现多元化发展的趋势。其中五十岚久枝、川上元美、原研哉等知名设计师在家具与家居用品设计等领域均不同程度体现出在现代主义的简洁造型中重视感性的特征。而本时期日本的交通工具产业保持了强劲的发展势头，在高科技风格依然明显的基础上对于设计语言的整合和感性元素的利用均得到发展。

近10年来，日本企业在设计领域中消极影响尤其深远者当数智能手机业务的全面溃退。无论是整个产业界在iPhone崛起之初的无所作为，还是在后期奋起直追也依然无法提供具有竞争力的产品，都反映出日本电器制造商在经营体制层面难以应对剧烈变动的局面。智能手机业务的失败并不仅是硬件制造领域的损失，也造成了基于智能手机的移动互联网服务乃至物联网服务领域的持续落后。在日本手机发展的高峰期，尽管搭载移动钱包功能的手机未能成功走出国门，但在日本国内始终占据着电子支付业务的主流地位。然而，随着支付宝、微信支付等具有更加成熟商业模式、并基于QR码电子支付模式随着中日民间往来向日本渗透，日本最终由软银公司（Softbank）于2018年开始推出模仿支付宝的PayPay支付服务。事实上，尽管产业界和学术界均不断呼吁推动服务设计以图在新兴领域推动经济发展，但因为政府产业政策和企业经营思维的严重滞后，日本在移动互联网服务的创新实践已经远较中国、美国落后。

2020年，席卷全球的新型冠状病毒疫情沉重打击了日本的经济，此后所谓"失去的30年"，从20世纪90年代初泡沫经济破裂以来日本经济持续低迷长达30年之久——这个概念越发频繁地在各种媒体上被提及和讨论。此后，随着2020年东京奥运会的延期举办和惨淡收场以及全球范围的经济低迷和通货膨胀，日本的经济形势呈现出每况愈下的态势。自明治时期实施殖产兴业政策以来，制造业立国一贯是日本不变的基本国策，但近年来日本产业脱实向虚的趋势已较为明显，在此背景下，已日渐衰落的电气与电子设备产业、面临新能源汽车挑战的交通工具产业是否能够成功转型如今尚未可知，工业设计能否在其中发挥积极作用还有待历史的检验。

大事记

2007年 日本经济产业省颁布《感性价值创造倡议》；儿童设计奖设立；东京中城（Tokyo Midtown）建成开放；东京中城设计中心（Tokyo Midtown Design Hub）开放。

2008年 东京中城奖（Tokyo Midtown Award）设立。

2009年 通用交流设计协会（UCDA）成立。

2010年 日本经济产业省设立"Cool Japan"海外战略室；IAUD国际设计奖设立。

2011年 "Cool Japan"海外战略室改组为生活文化创造产业科；日本文具大奖设立。

2012年 由日本展示设计协会发展而来的日本空间设计协会（DSA）成立；日本地域设计学会成立；"国立设计美术馆建设会"成立；NTT DoCoMo公司发布由富士通公司设计制造的初代"RAKURAKU Smartphone"。

2013年 "Cool Japan"机构（又称海外需求开拓支援机构）设立。

2015年 木材设计奖（Wood Design Award）设立；日本生活设计学会（JAMTI）成立；宠物生活设计协会（PLDA）成立。

2016年 服务设计推进协议会（SDEC）成立。

2017年 生活文化创造产业科改组为"Cool Japan"政策科；关西设计事务所协同组合（KDOU）改组为日本设计制作人协同组合（JDPU）；富士重工业公司更名为斯巴鲁公司。

2018年 《通用社会实现推进法》颁布；经济产业省发布《"设计经营"宣言》；PayPay支付服务推出；日本医疗设计中心（MDCJ）成立；日本医疗福利设计协会（JMWDA）成立。

2019年 "Design-DESIGN MUSEUM"成立。

2020年 新型冠状病毒肺炎（Corona Virus Disease 2019，COVID-19）疫情开始在日本国内蔓延；国立近代美术馆工艺馆独立并迁至金泽，改称国立工艺馆。

2021年 日本工业设计师协会更名为日本工业设计协会；日本木材设计协会（JWDA）成立。

参考文献

1. 著述

［1］佚名.国産車100年の軌跡：モーターファン400号・三栄書房30周年記念［M］.東京：三栄書房，1978.

［2］秋岡芳夫.割ばしから車まで［M］.東京：柏樹社，1981.

［3］出原栄一.日本のデザイン運動：インダストリアルデザインの系譜［M］.東京：ぺりかん社，1992.

［4］出原栄一.日本のデザイン運動：インダストリアルデザインの系譜［M］.東京：ぺりかん社，1992.

［5］米谷美久.「オリンパス・ペン」の挑戦［M］.東京：朝日ソノラマ，2002.

［6］竹原あき子，森山明子.カラー版日本デザイン史［M］.東京：美術出版社，2003.

［7］Bürdek B E.Design：History，theory and practice of product design［M］.Walter de Gruyter，2005.

［8］何人可，工业设计史(第四版)［M］.北京：高等教育出版社，2010.

［9］林中杰，韩晓晔.丹下健三与新陈代谢运动：日本现代城市乌托邦［M］.北京：中国建筑工业出版社，2011.

［10］内田繁.戦後日本デザイン史［M］.東京：みずず書房，2012.

［11］岩仓信弥.本田的造型设计哲学［M］.郑振勇，译.北京：东方出版社，2013.

［12］岩谷英昭.松下幸之助在哭泣——日本家电业衰落给我们的启示［M］.玉兰三友翻译会，译.北京：知识产权出版社，2014.

［13］芸術工学会地域デザイン史特設委員会.日本・地域・デザイン史Ⅱ［M］.東京：美学出版社，2016.

［14］日经设计，广川淳哉.马自达设计之魂：设计与品牌价值［M］.李峥，译.北京：机械工业出版社，2019.

2. 论文

［1］米満知足.東海道新幹線電車のアウトラインとデザイン［J］.デザイン理論，1964，3.

［2］高橋儀作.通産省工業技術院製品科学研究所訪問記［J］.繊維と工業，1970，3(9).

［3］高津斌彰.地方中小企業の存立形態とその基盤：肥前陶磁器工業の場合［J］.経済地理学年報，1970，15(2).

［4］樋口治.我がデザインの年輪［J］.デザイン理論，1978，17.

［5］藤森照信.エンデ・ベックマンによる官庁集中計画の研究：その5建築家及び技術者各論［J］.日本建築学会論文報告集，1979，281.

［6］住川純子.東京における家具工業の発達と地域分化［J］.新地理，1980，28(2)：2.

［7］幾石致夫.成熟社会における消費者像［J］.中央学院大学論叢.商経関係，1982，17(2).

［8］井村五郎.工業製品の形態用語：「軽薄短小」(デザインの用語について考えること：会員からの寄稿論文，<特集>第4回春季大会テーマ/用語を通してデザインを考える–回顧・現状・展望)［J］.デザイン学研究，1983(42).

［9］堀田明裕.製品科学研究所におけるデザイン用語の変遷(デザイン用語の変遷：教育・研究機関における年譜をめぐって，<特集>第4回春季大会テーマ/用語を通してデザインを考える–回顧・現状・展望)［J］.デザイン学研究，1983(42).

［10］鶴田仁.100系新幹線電車の車両構造(交通システムの新しい技術<特集>)［J］.日立評論，1986，68(3).

［11］寿美田与市.工業デザインにおける使い勝手の探求と展開(人間工学の底流を探る<特集>)［J］.人間工学，1987，23(2).

［12］Clark K B，Chew W B，Fujimoto T，et al.Product development in the world auto industry［J］.Brookings Papers on economic activity，1987(3).

［13］渡辺眞.<書評>出原栄一著「日本のデザイン運動：インダストリアルデザインの系譜」ぺりかん社，1989年，［J］.デザイン理論，1990，29.

［14］南原七郎.建築という芸術の提唱者，中村順平［J］.デザイン理論，1992，31.

［15］宇賀洋子.自分がデザインしたものが広く世の中にゆき亘ることを望んで–真野善一［J］.デザイン学研究特集号，1993，1(1).

［16］宮内哲.渡邊力：大河の底流のごとくに(<特集>デザインのパイオニアたちはいま)［J］.デザイン学研究特集号，1993，1(1).

［17］飯岡正麻.アノニマスデザインの系譜：有銘と無名のはぎまで(<特集>アノニマスデザインを考える)［J］.デザイン学研究特集号，1993，1(2).

［18］宮崎清.秋岡芳夫：自己の哲学と生活の反映としてのデザイン(<特集>デザインのパイオニアたちはいま)［J］.デザイン学研究特集号，1993，1(1).

［19］栗坂秀夫.模倣から創造へ：デザインの残像(<特集>デザインにおける時代性)［J］.デザイン学研究特集号，1994，2(3).

［20］岩崎信治.日本にモダンデザインはあったか(<特集>デザインにおける時代性)［J］.デザイン学研究特集号，1994，2(3).

［21］比嘉明子，宮崎清.図案奨励策としての農展・商工展の様相とその意義：農展・商工展研究(1)［J］.デザイン学研究，1995，42(2).

［22］佚名.重要史実解説(<特集>デザインのあゆみ)［J］.デザイン学研究特集号，1996，3(3).

［23］岡田栄造，寺内文雄，久保光徳，等.明治・大正・昭和前期における特許椅子の展開過程：寿商店「FK式」回転昇降椅子を事例として［J］.デザイン学研究，2001，47(6).

［24］井上祐一，初田亨，内田青蔵.大正・昭和初期における，いわゆる「ライト式」の用語の使用について［J］.日本建築学会計画系論文集，2003，68(571).

［25］笠原一人.「日本インターナショナル建築会」における伊藤正文の活動と建築理念につ

いて［J］.日本建築学会計画系論文集，2003，68(566).

［26］笠原一人.「日本インターナショナル建築会」における本野精吾の活動と建築理念につ
いて［J］.日本建築学会計画系論文集，2004，69(583).

［27］井上祐一.いわゆる「ライト式」の住宅に関する研究--建築家岡見健彦の作品について
［J］.文化女子大学紀要服装学・造形学研究，2004，35.

［28］岩井一幸.デザインにおける標準［J］.デザイン学研究特集号，2004，11(4).

［29］森仁史.「工芸」から「デザイン」へ：工芸指導所から産業工芸試験所へ［J］.産総研
TODAY，2005，6.

［30］和田精二，大谷毅.デザインに対する松下幸之助の経営的先見性について：企業内デザ
イン部門黎明期の研究(1)［J］.デザイン学研究，2005，51(5).

［31］横田真.我が国の国際標準化活動の展開(国際規格の動向と戦略)［J］.日本信頼性学会誌
信頼性，2006，28(4).

［32］猪谷聡.<図書紹介>日本貿易振興機構(ジェトロ)展示事業部編『DNA of JAPANESE
DESIGN「日本デザインの遺伝子展」の記録』［J］.デザイン理論，2007，51.

［33］孫大雄，宮崎清，樋口孝之.1920—1930年代における小池新二の活動：昭和前期のデザ
イン啓蒙活動をめぐって［J］.デザイン学研究，2008，54(6).

［34］孫大雄，宮崎清，樋口孝之.1940年代における小池新二の活動：「工芸の決別」から「イ
ンダストリアル・デザイン」へ［J］.デザイン学研究，2008，55(3).

［35］増成和敏，石村眞一.日本におけるテレビジョン受像機のデザイン変遷(1)：草創期から
普及期まで［J］.生活学論叢，2008，13.

［36］新井竜治.株式会社天童木工の家具シリーズ・デザイナー・スタイルの変遷：戦後日本に
おける木製家具及びベッド製造企業の家具意匠に関する歴史的研究(2)［J］.デザイン学
研究，2009，56(2).

［37］岩田彩子，宮崎清，鈴木直人，等.E23JIDA機関誌にみる1950年代日本のインダストリ
アルデザインの課題：日本におけるインダストリアルデザインの確立と展開(1)(デザイ
ン史，ファッション，「想像」する「創造」~人間とデザインの新しい関係~，第56回春
季研究発表大会)［J］.デザイン学研究.研究発表大会概要集，2009(56).

［38］川瀬千尋.1930年代末の「産業美術」について--『デセグノ』と『芸術と技術』にみる「商
業美術」思潮からの脱却［J］.藝叢，2010(26).

［39］新井竜治.戦後日本の主要木製家具メーカーによる新作家具展示会の変遷全国優良家具
展・東京国際家具見本市・天童木工展・コスガファニチャーショー・ビッグフォーファニ
チャーショー・札幌三社展［C］//日本デザイン学会研究発表大会概要集日本デザイン学
会第57回研究発表大会.一般社団法人日本デザイン学会，2010.

［40］OSHIMAKT.山田守：分離派から「インターナショナル・スタイル」まで(セッションⅡ日
本の建築空間と庭園：明治から20世紀初頭にかけての欧米におけるその受容と普及，第
12回国際日本学シンポジウム：都市・建築・空間の国際日本学)［J］.比較日本学教育研

究センター研究年報，2011，7.

［41］師玉真理，土橋光.深澤直人−デザインの思考における《もの》の位相［J］.神奈川工科大学研究報告.A，人文社会科学編，2011，35.

［42］中牟田泰，石原智浩.次世代デザインテーマを具現化したコンセプトモデル「靭」の開発［J］.マツダ技報，2011，29.

［43］新井竜治.株式会社コスガにおける家具シリーズ・スタイル・デザイナーの変遷：戦後日本における木製家具及びベッド製造企業の家具意匠に関する歴史的研究(4)［J］.デザイン学研究，2011，58(1).

［44］新井竜治.戦後日本における主要木製家具メーカーの新作家具展示会の変遷：全国優良家具展・東京国際家具見本市・天童木工展・コスガファニチャーショー・ビックフォーフ ァニチャーショー・札幌三社展［J］.デザイン学研究，2011，58(3).

［45］石崎友紀，山本慎二，大坪聡一郎.新幹線車両先頭部の工学的性能と審美的性能の均衡研究−1同一縮尺模型を用いた高速航空機スタイリングとの比較［C］//日本デザイン学会研究発表大会概要集日本デザイン学会第58回研究発表大会.一般社団法人日本デザイン学会，2011.

［46］新井竜治.戦後日本における主要木製家具メーカーの販売促進活動の概要と変遷−コスガと天童木工の家具販売促進活動の比較研究［J］.デザイン学研究，2012，59(1).

［47］森仁史.デザインはいつから教育されたか［J］.デザイン理論，2013，61.

［48］神野由紀.戦前期百貨店における「江戸趣味」と「国風」デザイン［J］.日本デザイン学会研究発表大会概要集，2013，60.

［49］長久智子.1950年代における北欧モダニズムと民藝運動、産業工芸試験所の思想的交流—スウェーデン、グスタフスベリ製陶所のヴィルヘルム・コーゲ、スティグ・リンドベリとフィンランド、アラビア製陶所のカイ・フランクの来日を視点として−［J］.愛知県陶磁資料館研究紀要，2013，18.

［50］田畑孝司.新型アクセラにおける魂動デザイン［J］.マツダ技報，2013，31.

［51］寺尾藍子.1950年代日本のモダンデザイン：海外展におけるデザイン表現について［J］.デザイン理論，2014，63.

［52］井上祐里.商工省工芸指導所と輸出工芸［J］.藝叢：筑波大学芸術学研究誌，2015，30.

［53］入江繁樹.<用>とは何か：柳宗悦の民藝美学における<用即美>の構造をめぐって［J］.デザイン理論，2015，66.

［54］増成和敏.日本におけるテレビジョン受像機のデザイン変遷カラーテレビジョン受像機の成熟期におけるモニタースタイルの誕生［J］.芸術工学会誌，2015，68.

［55］杉山裕基，森脇幹文，高橋克典.「魂動」デザイン実現に向けた生産技術の取り組み紹介［J］.マツダ技報，2017，34.

［56］佐野浩三.神戸洋家具産業の発祥過程と産業化の特徴開港期から明治中期［J］.芸術工学会誌，2017，73.

［57］佐野浩三.神戸洋家具産業の成熟期の特徴昭和初期から第二次世界大戦前［J］.芸術工学
　　　会誌，2017，74.

［58］伊藤潤.「白物家電」の誕生：20世紀の日本における主要工業製品色の変遷(1)［J］.芸
　　　術工学会誌，2017，74.

［59］尚万里，樋口孝之.1960年代における資生堂宣伝部の運営とパッケージデザイン成果イ
　　　ンハウスデザイナー杉浦俊作の仕事を通して［C］//日本デザイン学会研究発表大会概要
　　　集日本デザイン学会第64回春季研究発表大会.一般社団法人日本デザイン学会，2017.

［60］後藤智絵.民芸論の意義に関する一考察：1930年の柳宗悦による帝展批判記事を中心に
　　　［J］.岡山大学大学院社会文化科学研究科紀要，2018，45.

［61］伊藤潤.日本の住宅内外の家電製品とその色の変遷［D］.東京大学，2018.

［62］髙林千幸.自動車メーカーによる自動繰糸機の開発経緯［J］.日本シルク学会誌，2019，
　　　27.

［63］新井竜治.山川ラタンの沿革・デザイン・技術の概要［C］//日本デザイン学会研究発表大
　　　会概要集日本デザイン学会第66回春季研究発表大会.一般社団法人日本デザイン学会，
　　　2019.

［64］新井竜治.籐家具のカザマの沿革・デザイン・技術・販売戦略の概要［C］//日本デザイン
　　　学会研究発表大会概要集日本デザイン学会第67回春季研究発表大会.一般社団法人日本
　　　デザイン学会，2020.

［65］青木史郎，黒田宏治，蘆澤雄亮，等.デザイン行政開始の経緯とその政策理念日本のデ
　　　ザイン行政と振興活動の展開(その1)［J］.芸術工学会誌，2022，84.

3. 网页资料

［1］経済産業省.デザイン政策の推進［EB/OL］.2016［2022-01-24］.https：//www.meti.go.jp/
　　　policy/mono_info_service/mono/human-design/file/2016handbook/01_suisin.pdf.

［2］セイコーウオッチデザインセンター.生産部意匠係の発足［DB/OL］.2020［2022-02-10］.
　　　https：//www.seiko-design.com/140th/topic/12.html.

［3］日本デザインコミュニティー.理念・活動［DB/OL］.2021［2022-02-19］.https：//
　　　designcommittee.jp/about/.

［4］イトーキ株式会社.イトーキの歩み［DB/OL］.2022［2022-05-21］.https：//www.itoki.jp/
　　　company/history.html.

［5］内田洋行.内田洋行の歴史［DB/OL］.2021［2022-05-21］.https：//www.uchida.co.jp/
　　　company/corporate/history.html.

［6］シャープ株式会社.シャープ100年史「誠意と創意」の系譜［DB/OL］.2013［2022-07-26］.
　　　https：//corporate.jp.sharp/info/history/h_company.

［7］本田技研工業株式会社.本格的2輪車・ドリームD型登場［DB/OL］.［2022-03-20］.https：
　　　//www.honda.co.jp/50years-history/limitlessdreams/dtype/index.html.

［8］本田技研工業株式会社.カブF型の販売店開拓DM戦略［DB/OL］.［2022-03-21］.https：//
www.honda.co.jp/50years-history/limitlessdreams/ftype/index.html.

［9］本田技研工業株式会社.マン島TTレース出場宣言［DB/OL］.［2022-03-21］.https：//www.
honda.co.jp/50years-history/limitlessdreams/manttraces/index.html.

［10］TOTO株式会社.TOTO百年史［DB/OL］.2017［2022-06-18］.https：//jp.toto.com/
history/100yearshistory/digitalbook.

［11］LIXIL株式会社.INAXストーリー［DB/OL］.2019［2022-06-18］.https：//www.inax.com/jp/
about-inax/the-story-of-inax.

［12］キヤノン株式会社.キヤノンカメラミュージアム歴史館-1955—1969［DB/OL］.［2022-
02-11］.https：//global.canon/ja/c-museum/history/story04.html.

［13］日本デザイン振興会.GOOD DESIGN COMPANIES ～グッドデザインを生み出してきた企
業の物語～第1回キヤノン株式会社［DB/OL］.［2022-02-10］.https：//www.g-mark.org/
promotions/gdc/gdc01.html.

［14］キヤノン株式会社.キヤノンカメラミュージアム歴史館-1955—1969［DB/OL］.［2022-
02-11］.https：//global.canon/ja/c-museum/history/story04.html.

［15］联合国.第七章联合国残疾人十年：1983—1992［EB/OL］//联合国.联合国关注残疾人.2005
［2022-07-05］.https：//www.un.org/chinese/esa/social/disabled/historyb7.htm.

［16］内閣府.第2章施策推進の経緯と近年の動き［M/OL］//内閣府.平成26年版障害者白書.2014
［2022-07-05］.https：//www8.cao.go.jp/shougai/whitepaper/h26hakusho/zenbun/index-pdf.html.

［17］KOKUYO株式会社.コクヨファニチャー事業のあゆみ［DB/OL］.［2022-05-03］.https：//
www.kokuyo-furniture.co.jp/company/history/article_04.html.

［18］イトーキ株式会社.ショールームスタッフが紐解く、開発のみち-バーテブラチェア［DB/
OL］.2020［2022-05-21］.https：//www.itoki.jp/special/125/way/03_vertebra.

［19］TOTO株式会社.挑戦の歴史-ユニットバスルームと洗面化粧台の始まりと進化［DB/
OL］.2017［2022-06-19］.https：//jp.toto.com/history/challenge/07/.

［20］TOTO株式会社.挑戦の歴史-ユニットバスルームと洗面化粧台の始まりと進化［DB/
OL］.2017［2022-06-19］.https：//jp.toto.com/history/challenge/07/.

［21］TOTO株式会社.挑戦の歴史-ウォシュレット®革新は日常へ、そして世界へ［DB/
OL］.2018［2022-06-19］.https：//jp.toto.com/history/challenge/05/.

［22］TOTO株式会社.挑戦の歴史-ウォシュレット®革新は日常へ、そして世界へ［DB/
OL］.2018［2022-06-19］.https：//jp.toto.com/history/challenge/05/.

［23］TOTO株式会社.挑戦の歴史-ユニットバスルームと洗面化粧台の始まりと進化［DB/
OL］.2018［2022-06-19］.https：//jp.toto.com/history/challenge/07/.

［24］TOTO株式会社.挑戦の歴史-腰掛大便器節水化への終わりなき挑戦［DB/OL］.2018
［2022-06-19］.https：//jp.toto.com/history/challenge/01/.

［25］パナソニックホールディングス株式会社.デザイン部門創設70周年記念企画パナソニ

ックのかたち［DB/OL］.2022［2022-08-08］.https：//holdings.panasonic/jp/corporate/about/
history/panasonic-museum/know-ism/archives/20220307_01.html#design/.

［26］ニコン株式会社.企業年表.［2022-02-11］.https：//www.nikon.co.jp/corporate/history/
chronology/1980/index.htm.

［27］Kenko Tokina会社.Camera History-ミノルタの歩み1980年代-1985.［2022-02-11］.https：
//www.kenko-tokina.co.jp/konicaminolta/history/minolta/1980/1985.html.

［28］日立グローバルライフソリューションズ株式会社.エアコンヒストリー［DB/OL］.［2022-
08-09］.https：//kadenfan.hitachi.co.jp/ra/history/pro.html/.

［29］株式会社東芝.東芝未来科学館世界初の家庭用インバーターエアコンの開発［DB/OL］.
［2022-08-09］.https://toshiba-mirai-kagakukan.jp/learn/history/ichigoki/1981aircon/index_j.htm/.

［30］イトーキ株式会社.ショールームスタッフが紐解く、開発のみち-トリノチェア［DB/
OL］.［2022-05-21］.https：//www.itoki.jp/special/125/way/06_torino/.

［31］オリンパス株式会社.μ（ミュー）［DB/OL］.［2022-02-11］.https：//www.olympus.co.jp/
technology/museum/camera/products/m-series/m/?page=technology_museum.

［32］オリンパス株式会社.μ（ミュー）720SW［DB/OL］.［2022-02-12］.https：//www.
olympus.co.jp/technology/museum/camera/products/digital-tough/m-720sw/?page=technology_
museum.

［33］ソニー株式会社.商品のあゆみ［DB/OL］.［2022-02-12］.https：//www.sony.com/ja/
SonyInfo/CorporateInfo/History/sonyhistory-f.html.

［34］特許庁.産業競争力とデザインを考える研究会［DB/OL］.2018［2022-06-01］.https：//
www.jpo.go.jp/resources/shingikai/kenkyukai/kyousou-design/index.html.

［35］本田技研工業株式会社.Hondaデザインの新コンセプト「EXCITING H DESIGN!!!」を発表
［EB/OL］.2013-09-05［2022-09-29］.https：//www.honda.co.jp/news/2013/4130905.html.